Dieter Grill / Herbert Keppel

Alte Apfel- und Birnensorten

für den Streuobstbau

Leopold Stocker Verlag
Graz – Stuttgart

Umschlaggestaltung: Digitalstudio Rypka, Graz

Umschlagfoto: Herbert Keppel, Graz

Rückseitenfotos: Herbert Keppel, Landeskammer für Land- und Forstwirtschaft, Institut für Pflanzenwissenschaften, alle Graz

Bibliografische Information der Deutschen Nationalbibliothek
Die Deutsche Nationalbibliothek verzeichnet diese Publikation in der Deutschen Nationalbibliografie; detaillierte bibliografische Daten sind im Internet über http://dnb.d-nb.de abrufbar.

Hinweis:
Dieses Buch wurde auf chlorfrei gebleichtem Papier gedruckt.
Die zum Schutz vor Verschmutzung verwendete Einschweißfolie ist aus Polyethylen chlor- und schwefelfrei hergestellt. Diese umweltfreundliche Folie verhält sich grundwasserneutral, ist voll recyclingfähig und verbrennt in Müllverbrennungsanlagen völlig ungiftig.

ISBN 3-7020-1087-4

Printed in Austria
Layout: E. Weidner, D. Grill
Bildbearbeitung: Reproteam Graz
Druck & Bindung: Druckerei Theiss GmbH, A-9431 St. Stefan

INHALT

Abb. 0.1 *Untersuchungsgebiet im Raum Alpen Adria*

VORWORT

In den letzten Jahren sind mehrere Bücher erschienen, die alte Obstsorten zum Gegenstand haben. Aber gerade diese Sorten sind oft nur in einem mehr oder weniger großen Areal häufig, weil sie lokal angepasst sind und dem regionalen Geschmack entsprechen. Auch historische Gründe sind dafür die Ursache. Da für den südöstlichen Alpenraum eine Informationslücke bezüglich alter Kernobstsorten besteht, wurde eine überregionale Forschungskooperation gegründet. Diese besteht aus Mitarbeitern des Instituts für Pflanzenwissenschaften der Universität Graz, des Landwirtschaftlichen Versuchszentrums Steiermark, der Versuchsstation für Obst- und Weinbau Haidegg, der Obstbauversuchsanlage St. Andrä, der Kammer für Land- und Forstwirtschaft in Kärnten, des KGZS-KGZM Sadjarski Center, Maribor-Gačnik, der Biotehniška Fakulteta Oddelek za agronomijo Ljubljana und ist in die Arbeit der ARGE Alpen-Adria integriert.

Gefördert wurde diese Zusammenarbeit von verschiedenen lokalen, regionalen und europäischen Stellen. Unsere Arbeit wurde mit dem Ziel begonnen, alte Kernobstsorten zu erheben und zu dokumentieren, um sie für die Zukunft zu erhalten. Da die Streuobstwiesen, in denen solche Obstsorten vorkommen, von zentraler Bedeutung sind, wollen wir das Wissen um diese im vorliegenden Buch unter möglichst vielen Gesichtspunkten darstellen. Gleichzeitig sollen damit Hinweise gegeben werden, wie man aus derartigen Anlagen wirtschaftlichen Nutzen ziehen kann, um sie damit auch unseren Nachkommen zu erhalten. Besonders freut uns, dass wir eine Reihe von Fachkollegen zur Mitarbeit an diesem Buch gewinnen konnten. Wir danken allen Obstbaumbesitzern, die uns den Zutritt zu ihren Grundstücken und die Probenahmen ermöglicht haben bzw. Fragebögen ausfüllten, die äußerst interessante Zusatzinformationen lieferten. Sehr motivierend für unsere Arbeit war neben dem Interesse der Bevölkerung auch das positive Echo bei den Behörden, die uns nicht nur finanziell sondern auch durch Datentransfer unterstützten. Wir hoffen, dass dieses Buch zu einer nachhaltig positiven Betrachtungsweise von alten Obstsorten und Streuobstwiesen beiträgt.

DIETER GRILL HERBERT KEPPEL

DANK

Wir danken der 5. Kommission der **Arbeitsgemeinschaft ALPEN-ADRIA** für die finanzielle Unterstützung bei der Veröffentlichung dieses Buches.

An dieser Stelle möchten wir die Mitarbeiter der überregionalen Forschungskooperation nennen, auf deren grundlegenden Arbeiten dieses Buch aufbaut.

Graz
EGGER G.
FAULAND K.
FUSSI B.
GRILL D.
GRUBE M.
HECKE K.
HERBINGER K.
HOFER M.
KEPPEL H.
MONSCHEIN ST.
SCHWAB U.

St. Andrä
DIANAT K.
GARTNER H.

Maribor
ZADRAVEC P.

Ljublana
STAMPAR F.
VEBERIČ R.

Wir bedanken uns bei Frau Edith WEIDNER für ihre Assistenz beim Layout und der redaktionellen Tätigkeit und bei Frau Maria GRILL für ihre Arbeit als Lektorin.

AUTOREN

Hofrat DI. Dr. SIEGFRIED BERNKOPF
Österr. Agentur für Gesundheit & Ernährungssicherheit GmbH
Abt. Pflanzenbiologie
Wieningerstr. 8
4021 Linz
Austria
e-mail: siegfried.bernkopf@ages.at

Dr. Sc. ANTE BIŠKO
Institut für Obstbau
Kneza Ljudevita Posavskog 48
10 000 Zagreb
Kroatien
e-mail : zzv@zg.htnet.hr

Mag. Dr. KURT FAULAND
Institut für Pflanzenwissenschaften
Karl-Franzens-Universität
Schubertstraße 51
8010 Graz
Austria
e-mail: kurt.fauland@uni-graz.at

Ing. HERBERT GARTNER
Obstbauversuchsanlage der
LK Kärnten
Referent f. Obstbau
Schulstr. 6
9433 St. Andrä i.L.
Austria
e-mail: obstbau@lk-kaernten.at

Univ.-Prof. Dr. DIETER GRILL
Institut für Pflanzenwissenschaften
Karl-Franzens-Universität
Schubertstraße 51
8010 Graz
Austria
e-mail: dieter.grill@uni-graz.at

Ing. LEOPOLD HEHENBERGER
Prasdorf 7
3372 Blindenmarkt
(Landwirtschaftl. Fachschule Gießhübl, Amstetten)
Austria
e-mail: familie_hehenberger@utanet.at

Mag. Dr. KARIN HERBINGER
Institut für Pflanzenwissenschaften
Karl-Franzens-Universität
Schubertstraße 51
8010 Graz
Austria
e-mail: karin.herbinger@uni-graz.at

Mag. MELANIE HOFER
Versuchszentrum Laimburg
Laimburgerstraße 6
39040 Post Auer
Italien
e-mail: melanie.hofer@provinz.bz.it

Univ.-Prof. DI. Dr. HERBERT KEPPEL
Landwirtsch. Versuchszentrum Stmk.
Versuchsstation f. Obst- und Weinbau
Haidegg
Ragnitzstr. 193
8047 Graz
Austria
e-mail: herbert.keppel@stmk.gv.at

Mag. STEPHAN MONSCHEIN
Institut für Pflanzenwissenschaften
Karl-Franzens-Universität
Schubertstraße 51
8010 Graz
Austria
e-mail: stephan.monschein@uni-graz.at

ROBR. Dr. HEINZ OTTO
Neudorferstr. 1
2340 Mödling
Austria

Mag. Dr. ROBERT SCHLACHER
Amt der Steiermärkischen
Landesregierung
A3 – Wissenschaft und Forschung
Büro des Landeshygienikers
Universitätsplatz 4
8010 Graz
Austria
e-mail: robert.schlacher@stmk.gv.at

Univ.- Prof. Dr. FRANCI STAMPAR
Institute for Fruit Growing
Viticulture and Vegetable Growing
Biotechnical Faculty
Agronomy Department
University of Ljubljana
Jamnikarneva 101
1000 Ljubljana
Slowenien
e-mail: franc.stampar@bf.uni-lj.si

Prof. Dr. HERMANN TOPLAK
Medizinische Universitätsklinik
Leopold-Auenbrugger-Universität
Auenbruggerplatz 15
8036 Graz
Austria
e-mail: hermann.toplak@meduni-graz.at

Dipl.-Biol. Dr. BERNHARD TRIERWELER
Bundesforschungsanstalt für Ernährung
und Lebensmittel
Institut für Chemie und Biologie
Haid-und-Neu-Str. 9
76131 Karlsruhe
Deutschland
e-mail: bernhard.trierweiler@bfe.uni-karlsruhe.de

Dr. ROBERT VEBERIC
Institute for Fruit Growing
Viticulture and Vegetable Growing
Biotechnical Faculty
Agronomy Department
University of Ljubljana
Jamnikarneva 101
1000 Ljubljana
Slowenien
e-mail: robert.veberic@bf.uni-lj.si

OM. ALOIS WIEDNER
Holzmannsdorfberg 23
8323 St. Marein/Graz
Austria

DI. Mag. PETER ZADRAVEC
KGZS-KGZM Sadjarski Center
Maribor-Gacnik
Gacnik 77
2211 Pesnica
Slowenien
e-mail: sadjarski.center.mb@siol.net

Die Streuobstwiese

1 – SYSTEMATIK UND ENTSTEHUNG DER KERNOBSTSORTEN

Zum Kernobst im obstbaulichen Sinne werden in der Regel Apfel, Birne und Quitte, im vereinfachten Sprachgebrauch aber nur Apfel und Birne gezählt. Laut botanischer Systematik gehören allerdings bedeutend mehr Pflanzengattungen dazu.

Taxonomisch (botanische Gliederung und Bezeichnung) und phylogenetisch (Abstammungslehre der Kulturpflanzen) stellen Apfel und Birne eine schwierige Materie dar. Der Grund liegt primär darin, dass beide Gattungen gerne bastardieren (genetische Vermischung von (Unter-)Arten) wobei Wildarten, Kulturformen und verwilderte Kulturformen seit Jahrtausenden daran beteiligt sind. Dies führte zwar zu einer großen Formenvielfalt, aber auch zu taxonomischen Problemen. Es ist zu hoffen, dass der zukünftig wohl vermehrte Einsatz molekularbiologischer Charakterisierungsmethoden (DNA-Fingerprinting etc.) aber auch die moderne Geschichtsforschung etwas mehr Licht in diese Materie bringen werden.

SYSTEMATISCHE GLIEDERUNG VON APFEL UND BIRNE

Die Gattungen *Malus* (Apfel) und *Pyrus* (Birne) gehören zur Familie der *Rosaceae* (Rosengewächse) und innerhalb dieser zur Unterfamilie *Maloideae* (Kernobstgewächse). Die Kernobstgewächse sind dadurch charakterisiert, dass der vertiefte Blütenbecher zur Reifezeit fleischig wird und zusammen mit den Fruchtblättern eine Sammelfrucht bildet. Die Kernobstgewächse werden unterteilt in den Tribus (zwischen Gattung und Familie stehende Kategorie der botanischen Systematik) *Malieae* (Apfelartige) und Tribus *Crataegeae* (Weißdornartige). Die beiden Tribus unterscheiden sich dadurch, dass bei *Malieae* die Fruchtwand der Einzelfrüchte zur Reife pergamentartig ist, wodurch ein so genannter Kernapfel mit mehrfächrigem, balgfruchtähnlichem Kerngehäuse entsteht. Beim Tribus *Crataegeae* umgibt der fleischige Blütenbecher einen oder mehrere Steinkerne, die durch Verholzung der Fruchtwand entstanden sind, wodurch ein so genannter Steinapfel gebildet wird.

Zum Tribus *Maliae* gehören die Gattungen: *Malus* (Apfel), *Pyrus* (Birne), *Cydonia* (Quitte), *Sorbus* (Vogelbeere, Mehlbeere, Elsbeere, Speierling etc.), *Aronia* (Apfelbeere), *Amelanchier* (Felsenbirne), *Micromeles* (Zwergapfel), *Raphiolepsis* (Traubenapfel), *Malacomeles* (Weichapfel), *Paraphyllum* (Sandbirne), *Photinia* (Glanzmispel), *Stranvaesia* (Lorbeermispel), *Eriobotrya* (Wollmispel).

Zum Tribus *Crataegeae* gehören u. a. die Gattungen *Crataegus* (Weißdorn), *Mespilus* (Mispel), *Cotoneaster* und *Chamaemeles* (Zierquitte).

Innerhalb der Kernobstgewächse können sexuelle Gattungsbastarde vorkommen: *Malus x Cydonia*, *Malus x Pyrus* (sehr selten, selten überlebensfähig), *Pyrus x Cydonia*, *Pyrus x Sorbus, Pyrus x Crataegus*. Darüber hinaus gibt es gattungsübergreifende Pfropfverträglichkeiten, wobei die Lebensdauer der Pfropfungen unterschiedlich sein kann (Affinitätsfrage). So kann z.B. die Birne auf Apfel, Quitte, Zierquitte, Vogelbeere, Felsenbirne, *Cotoneaster* und Weißdorn gepfropft werden.

Malus (L.) MILLER nach KUTZELNIGG 1995 (Tab. 1)

Lat. Malus = Apfelbaum, malum = Apfel; „Apfel" = indogermanischen Ursprungs, ahd.: aphul, apful; keltisch: uball, äpple (schwed.), æble (dän.), appel (holl.), apple (engl.), pomme (franz.), mela (ital.), jablko (tschech.) jabolko (slowenisch), alma (ungarisch), jabuka (kroatisch).

Die Gattung umfasst 25–52 Arten, die in Europa, Asien und Nordamerika vorkommen. Die meisten Arten sind diploid (2n = 2x = 34). Triploide (3x = 51) und tetraploide (4x = 68) kommen gehäuft in der Sektion *Chloromeles* vor.

Tab. 1 ***Systematische Gliederung Apfel***

Sektion	Series	Art
Malus	*Pumilae*	*M. sylvestris, M. orientalis, M. sieversii, M. domestica*
	Baccatae	*M. baccata, M. mandschurica, M. hupensis, M. halliana*
Sorbomalus	*Sieboldianae*	*M. floribunda, M. sargentii, M. sieboldii, M. xZumi*
	Kansuenses	*M. fusca, M. toringoides, M. kansuensis*
	Yunanenses	*M. pratii, M. yunanensis*
Chloromeles		*M. platycarpa, M. coronaria, M. angustifolia, M. ionensis*
Eriolobus		*M. trilobata*
Docyniopsis		*M. tschonoskii*

Die Vertreter der Sektionen *Sorbomalus, Chloromeles, Eriolobus* und *Docyniopsis* sind vorwiegend Ziergehölze. Einige davon weisen Resistenzen gegenüber Schorf, Mehltau, Feuerbrand und Stammfrost auf und werden in der modernen Resistenzzüchtung verwendet. Für die Kulturwerdung des „europäischen Apfels" dürfte aber primär die Sektion *Malus* series *Pumilae* von Interesse sein.

***Malus sylvestris (L.)* MILLER: Holzapfel (Abb. 1.2)**

Vorkommen: Als Strauch, als Baum bis 10 m hoch, in Eichenmischwäldern, Kiefern- und Auwäldern bis auf ca. 1000 m Seehöhe (seltener 1500 m), von Westeuropa bis Russland, im Kaukasus und Asien fehlend, in Russland ist die meist dornenlose Unterart ssp. *praecox* (PALL.) SCHNEIDER vorherrschend.

Eigenschaften: Zweige fast immer bedornt, Blätter elliptisch bis eirund, anfangs gering behaart, später verkahlend (Ausnahme ssp. *praecox*); Früchte klein, meist kugelig, gelbgrün bis grüngelb, sonnseitig selten gerötet; Geschmack herbsauer, bitter; gekocht oder gedörrt essbar.

***Malus orientalis* UGLITZKICH**

« Kaukasus-Apfel », verwandt mit *M. sylvestris* (L.) MILL.; im Kaukasus, Kleinasien, Nordiran vorkommend

***Malus sieversii* (LEDEB.) ROEMER**

„Altai-Apfel": große schmackhafte Früchte, in Russland, Nordafghanistan und Westchina vorkommend. ssp. *niedwitzkyana* (DIECK) LITHONOS ist rotblättrig, häufig in Zierapfelhybriden.

***Malus domestica* BORKH.**

Hierher gehören die Hybride des Kulturapfels:

M. paradisiaca (L.) MEDIKUS (Paradies- oder Johannisapfel), *M. dasyphylla* BORKH. (Splitt-, Filzapfel, Doucin), *M. spectabilis* (AIT.) BORKH (China). *M. micromalus*

Abb. 1.1 *Ca. 350-jähriger Holzbirnbaum, Wienerwald bei Weidling*

Abb. 1.2 *Malus sylvestris (L.) MILLER: Donau-Au bei Hainburg*

Abb. 1.3 *Pyrus pyraster (L.) BURGSDORF: March-Au bei Marchegg*

MAKINO und *M. prunifolia* (WILLD.) BORKH (Purpurblättriger A.) sollen Bastarde der series *Pumilae* mit series *Baccatae* sein.
***Malus baccata* BORKH. (Beerenapfel)**
Aus Ostasien, Zierapfel, frostresistent

***Pyrus Linnaeus*: Birne, nach PHIPPS (1990) aus KUTZELNIGG 1995** (Tab. 2)

Lat. Pyrus (Birnbaum), pirum (Birne); „Birne" lateinischen Ursprungs, päron (schwed.), bære (dän.), peer (holl.), pear (engl.), poire (franz.), pera (ital.), hruska (tschech.), grušča (russ.), kruška (slowenisch), körte (ungarisch), kruška (kroatisch).

Die Gattung umfasst 20 bis 74 Arten und kommt in Europa, Westasien, Himalaya, teils bis Japan vor. Die meisten Arten sind diploid (2n = 2x = 34). Triploidie kommt vor, jedoch seltener als beim Apfel.

Tab. 2 ***Systematische Gliederung Birne***

Gruppe	Charakteristik	Art
1	Westasiatisch-Europäische Birne	*P. pyraster, P. nivalis, P. caucasica, P. bourgaeana, P. spinosa, P. elaeagrifolia, P. salicifolia, P. syriaca, P. communis*
2	Intermediäre Arten unterschiedlicher Verbreitung	*P. cordata* (Westeuropa), *P. longipes* (Nordafrika)
3	Mittelgroßfrüchtige südostasiatische Birnen	*P. usssuriensis* (Sibirien, China, Korea), *P. hondonensis* (Japan), *P. pashia* (Indien, China), *P. pyrifolia* (China)
4	Ostasiatische Erbsenbirnen	*P. koehnei* (China), *P. calleryana* (China), *P. dimorphophylla* (Japan), *P. fauriei* (Korea)

***Pyrus pyraster* (L.) BURGSDORF: Holzbirne, Wildbirne (Abb. 1.1 u. 1.3)**
Streuvorkommen in fast ganz Europa (nicht in Skandinavien), bis 1000 m (selten bis 1500 m). Strauch, Baum bis ca. 20 m hoch, Zweige bedornt, Blätter rundlich bis oval, feingezähnt, verkahlend; Früchte klein, meist kugelig, seltener stumpfkegelförmig, herbsauer, adstringierend, vollreif herbsüß.
***Pyrus nivalis* JACQUIN: Schneebirne**
Name von weiß-filzigen Blättern. Als Wildart umstritten, eventuell aus ehemaliger Kulturform verwildert; Vorkommen sehr zerstreut, selten, stark gefährdet, meist auf trockenen Hängen, aufgelassenen Weingärten, in Ostösterreich, Mähren, Ostslowenien, um Genfer See; Zweige teils dornenlos, Blätter beidseitig stark wollig behaart, später Oberseiten verkahlend.

Dazu gehören ssp. *nivalis* (echte Schneebirne) und ssp. *salvifolia* (salbeiblättrige Schneebirne).
***Pyrus communis*: Kulturbirne**
Formenreicher Hybridkomplex; Zweige meist dornenlos, Blätter verkahlend (Ausnahme z.B. Welsche Bratbirne und weitere Mostbirnsorten); Früchte größer, teils gerötet; Geschmack herbsauer (Mostbirnen) bis süß-aromatisch (Tafelbirnen).

ENTSTEHUNGSGESCHICHTE DES KULTURAPFELS UND DER KULTURBIRNE

Der Verlauf der Kultur-Werdung von Apfel und Birne liegt nach wie vor weitgehend im Dunkeln.

Fossile Funde deuten darauf hin, dass es Vorläufer von Wildapfel und Wildbirne bereits in der Kreidezeit bzw. dem Tertiär in den subtropischen Gebieten Südostasiens gegeben hat (LANGENFELD 1971, RUBTSOV 1944). Die weitere Entwicklung könnte sich in den von VAVILOV (1930, 1949) festgelegten Genzentren für die beiden Gattungen abgespielt haben. Unter einem Genzentrum versteht man ein Gebiet, in dem eine Wildart die größte Formenmannigfaltigkeit hinsichtlich Größe, Form, Farbe, Geschmack der Früchte etc. aufweist. Für die Birne sind dies der Kaukasus und Kleinasien, für den Apfel darüber hinaus das Gebiet zwischen Turkestan und West-Tian-Shan. In diesen Gebieten hat VAVILOV ganze Wälder voller Wildäpfel und Wildbirnen gefunden und studiert. Perser, Syrer und Turkvölker sind auf ihren Eroberungszügen vermutlich schon 2000 v. Chr. auf solche „Apfel- und Birnenwälder" gestoßen und haben kleinere Obstbäume (eventuell Wurzelausläufer) in ihre Heimat mitgenommen. Sie entwickelten im Laufe der Zeit Obstbautechniken einschließlich der Baumveredelung. Auf dem Weg über die Griechen und Römer sind obstbauliche Kenntnisse, Obstbäume, Edelreiser etc. auch nach Mitteleuropa gekommen (siehe nächsten Artikel).

Wie war die Entwicklung in Mitteleuropa vor der römischen Zeit?

Aus heutiger Sicht hat es dort bereits um 6000 v. Chr. Apfel- und Birnbäume gegeben (WERNECK 1950). Nachweise von karbonisierten Früchten und Fruchtteilen von Apfel und Birne gibt es aus Siedlungen des Neolithikums (4000–1800 v. Chr.) und der Bronzezeit (1800–800 v. Chr.: HOFMANN 1924, SCHIEMANN 1932, BERTSCH 1947, WERNECK 1949, KNÖRZER 1977, SCHWEINGRUBER 1979).

Die kleinen, teils unterschiedlich großen Früchte waren vielfach gedörrt worden. Ob es sich dabei um *Malus sylvestris, Pyrus pyraster* oder gar um primitive Kulturformen gehandelt hat, darüber ist man sich uneinig.

Unterschiedliche Meinungen gibt es auch darüber, welche Wildarten zur Entstehung des europäischen Kulturapfels und der europäischen Kulturbirne beigetragen haben.

Nach KUTZELNIGG (1995) sind es: *M. sylvestris* ssp. *praecox*, *M. orientalis*, *M. sieversii*, *M. sieversii* ssp. *niedwitzkyana*, zum geringen Teil (Mostäpfel) auch *M. sylvestris*. Bei der Birne sind dies: *P. pyraster*, *P. nivalis* (vorwiegend Mostbirnen), *P.elaeagrifolia*, *P. spinosa*, *P. syriaca* und *P. salicifolia*. WERNECK (1962) hat unter Anwendung der Wildbirnensystematik von TERPO (1960) für den ostalpinen Raum 135 Mostbirnensorten primär ober- und niederösterreichischer Provenienz auf deren Abstammung von *P. pyraster*, *P. nivalis*, *P. austriaca*, *P. pyraster* x P. *nivalis* und *P. pyraster x P. salvifolia* geprüft.

Die asiatische Kulturbirne (Nashi-Birne etc.) ist wahrscheinlich aus *P. ussuriensis* und *P. pyrifolia* entstanden. Sie hat als Birne mit festfleischigen, steinzelligen und wenig aromatischen Früchten mit unseren Kulturbirnen wenig oder gar nichts zu tun.

ZÜCHTUNG VON APFEL- UND BIRNENSORTEN

Folgende Methoden kamen oder kommen zur Anwendung:

1. Selektion (Auswahl) von Zufallssämlingen, die durch spontane (zufällige) Bastardierung entstanden sind. Diese Methode wird seit Jahrtausenden praktiziert. Selektionskriterien waren z.B. Vitalität, Robustheit, geringe Anfälligkeit gegenüber Krankheiten, Schädlingen, Frost etc.; Größe, Farbe, Geschmack, Haltbarkeit der Früchte, Reifezeit etc. Die meisten der heutigen Marktsorten sind auf diese Weise entstanden. Dazu gehören Tafelsorten wie z.B. Renetten: Ananas-, Blenheim-, Kanada-; weiters Schöner von Boskoop, Wintergoldparmäne, Gravensteiner, Golden Delicious und nahezu alle Tafelbirnensorten.

Im goldenen Zeitalter der Pomologie (Obstsortenkunde; ca. 1750 bis 1870) beschäftigten sich bekannte und weniger bekannte Pomologen damit, hunderttausende Kerne vorzüglicher Apfel- und Birnensorten anzubauen, um sich mit möglichst vielen neuen Sorten in der Ruhmesgeschichte der Pomologie einen Ehrenplatz zu sichern. Besonders ehrgeizig auf diesem Gebiet waren die Belgier N. HARDENPONT (1705–1774), J.B. VAN MONS (1765–1848) aus Löwen und P.-J. ESPEREN (1780–1847). Sie waren sehr erfolgreich und schenkten uns viele Tafelbirnensorten, von denen u.a. die Sorten Blumenbachs Butterbirne (BB), Esperens Bergamotte, Hofratsbirne, Josephine von Mecheln, Prinzessin Marianne, Doppelte Philippsbirne, Hardenponts Winterbutterbirne, Regentin und Bosc's Flaschenbirne noch heute Marktsorten darstellen.

2. Kombinationszüchtung: Kontrollierte Kreuzung einer Sorte mit einer anderen Sorte oder Wildart mit anschließender Selektion der Sämlinge nach bestimmten Kriterien. Die ersten Kreuzungen sind von Th. A. KNIGHT um 1800 durchgeführt worden, gerieten aber in Vergessenheit.

Frühe Kreuzungen sind z.B. Ontario (Wagener Apfel x Northern Spy, 1874), Zuccalmaglios Renette (Ananasrenette x Purpurroter Agatapfel, 1878), Freiherr von Berlepsch (Ananasrenette x Ribston Pepping, 1880), Spartan (McIntosh x Yellow Newton, 1930), Jonagold (Golden Delicious x Jonathan, 1943), Pitmaston (Herzogin von Angouleme x Hardenponts WinterBB, 1841), Jeanne D'Arc (Diels BB x Vereinsdechantsb., 1885).

Eine besondere Herausforderung waren und sind die Resistenzzüchtungen (gegen Schorf, Mehltau, Feuerbrand), wobei als Resistenzträger Wildapfelarten (z.B. *M. floribunda, M. fusca, M. micromalus* etc.) eingekreuzt werden. Kleinfrüchtige und sehr herbe F1-Generationen müssen dabei mehrmals mit Marktsorten rückgekreuzt werden, um schließlich nach vielen Jahren in der F4-Generation brauchbare Sorten zu erzielen.

3. Mutationen (=sprunghafte Veränderungen des Erbgutes)

In den Obstanlagen werden vereinzelt Früchte entdeckt, die in Farbe, Form, Geschmack etc. abweichend sind. Die meisten davon sind durch Veränderungen der Knospen (Knospenmutationen) entstanden. Bekannter und auffälliger sind die Farbmutanten, z.B. Red Delicious, Roter James Grieve, Roter Berlepsch, Roter Boskoop etc.

Mutationen können auch künstlich durch radioaktive Bestrahlung, Temperaturschock und Infiltration mutagener, chemischer Substanzen herbeigeführt werden. Da damit auch unerwünschte, erbliche Veränderungen anderer Merkmale verursacht werden können, wird diese Methode heute in Frage gestellt.

Die Systematik und Entstehung der Kernobstsorten ist eine sehr komplexe Materie. Es ist anzunehmen, dass die moderne Forschung zu einigen neuen Erkenntnissen kommen wird.

Was auch zukünftig sein wird: Von Apfel und Birne geht eine gewisse Faszination aus, die die Menschen bereits seit Jahrtausenden in den Bann zieht.

Autor: S. BERNKOPF

Weiterführende Literatur

BERNKOPF S. 1982. Abstammung der oberösterreichischen Obstgehölze am Beispiel von Apfel, Birne und Pflaume. – Aktuelle Probleme der Landw. Forschung, Linz.

2 – KULTURGESCHICHTE VON APFEL UND BIRNE

Äpfel und Birnen sind trotz eines Überangebotes an alternativen heimischen und vor allem fremdländischen Obstarten nach wie vor ein wichtiger Bestandteil unserer Ernährung.

Egal ob jemand in einen saftigen Apfel beißt, genussvoll an einer Dörrbirne knabbert, ob jemand zuhause seinen Durst mit Apfelsaft stillt oder in einer Mostschänke bei Birnenmost und Speckjause seine Alltagssorgen vergisst, kaum jemandem von ihnen ist bewusst, dass die Apfel- und Birnenkultur eine Jahrtausende alte Entwicklung hinter sich hat.

Trotz der teils schwierigen Quellenlage in der ältesten Obstbaugeschichte soll im Folgenden ein kurzer Abriss der Kulturgeschichte von Apfel und Birne dargeboten werden.

PRÄHISTORISCHE ZEIT IN MITTELEUROPA

Es ist sehr wahrscheinlich, dass trotz fehlender Pollennachweise die mitteleuropäischen Eichenmischwälder nach der letzten Eiszeit, um ca. 6000 v. Chr., bereits Holzäpfel und Holzbirnen enthalten haben. Archäologische Funde von karbonisierten, ganzen und geschnittenen Äpfeln und Birnen liegen allerdings erst aus den neolithischen und bronzezeitlichen Pfahlbaustationen z.B. Österreichs, Deutschlands und der Schweiz vor. Die Früchte waren klein, teils von unterschiedlicher Größe, woraus einige Forscher (BERTSCH 1947, WERNECK 1949) auf eine, wenn auch primitive Inkulturnahme von Apfel und Birne bereits in dieser Zeit schlossen.

APFEL UND BIRNE IN DER ANTIKE

Die Perser, Syrer und verschiedene Turkvölker hatten bereits ca. 1500 v. Chr. einen hoch stehenden Obstbau. Von dort wurden obstbauliches Wissen und Obstbäume in viele Länder transferiert.

Tempelinschriften in Theben besagen, dass RAMSES II (1292–1225 v. Chr.) bereits Apfelbäume in seinem Garten pflanzen ließ und dass RAMSES III (1198–1167v.Chr.) den Priestern des Ammuntempels in Theben 848 Körbe voll Äpfel als Opfergabe schenkte. Die wahrscheinlich aus Syrien eingeführte Obstkultur fand in Ägypten keine Verbreitung und verschwand aus klimatischen Gründen bald wieder. Etwa zur gleichen Zeit haben die Griechen die Obstkultur aus Persien importiert und gaben diese an die Römer weiter, die sie wiederum in ihren Provinzen verbreiteten.

Der griechische Dichter HOMER lässt um ca. 800 v. Chr. seinen Helden Odysseus nach seiner Heimkehr zu seinem alten Vater Laertes sagen: „…denn ich begleitete dich als Knab im Garten, wir gingen unter den Bäumen umher und du kanntest und zeigest mir jeden. Dreizehn Bäume mit Birnen und zehn voller rötlicher Äpfel schenktest du mir…“

Die Griechen nannten später den Apfel „melon“, aus dem die Römer später malum ableiteten. Sowohl die Griechen als auch die Römer zählten alles Kernobst (Apfel, Quitte, Orange) aber auch den Pfirsich und Granatapfel zu den Äpfeln, in manchen Fällen ohne zusätzliche Bezeichnung, sodass bei Sortennennungen eine gewisse Unsicherheit über die genannte Obstart gegeben ist. Ist z.B. von goldenen Äpfeln die

Rede, dann sind meist Orangen (*Malum aureum*) oder Quitten (*Malum cotoneum*) gemeint.

Der Apfel hatte im täglichen Leben der Griechen und Römer eine besondere positive symbolische Bedeutung. Er stand für Liebe, Leidenschaft und fleischliche Liebe. Es galt als Liebesbezeugung, einem begehrten Mädchen einen, vorzugsweise angebissenen, Apfel zuzuwerfen; fing dieses den Apfel auf, küsste ihn und warf ihn zurück, so war dies Ausdruck der Gegenliebe. Der Liebhaber behielt die größten und schönsten Äpfel auf dem Baum zurück, um sie einer Angebeteten zu schenken. In der griechischen Mythologie spielten Apfelbäume und Äpfel eine wichtige Rolle. Dionysos, Schöpfer des Weinstocks und des Apfelbaumes schenkte der Aphrodite, Göttin der Liebe, Schönheit und sexuellen Begierde (bei den Römern Venus) einen Apfelbaum, den sie in ihrer zypriotischen Heimatstadt auspflanzte.

Was die griechischen Sorten betrifft, so ist sehr wenig überliefert. THEOPHRASTOS, 323 v. Chr. Erbe des Obstgartens und der Bibliothek von ARISTOTELES, nennt 6 Apfel- und 4 Birnensorten. Bei den römischen Schriftstellern M.P. CATO (234–149 v. Chr), M.T. VARRO (116–27 v. Chr.) L.J.M. COLUMELLA (gest. 65 n. Chr.), PLINIUS SECUNDUS dem Älteren (23–79 n. Chr.) und A.T MACROBIUS (ca. 420 n. Chr.) sind in Summe folgende 36 Apfelsorten genannt:

Nach den Züchtern: Appischer, Cestischer, Matischer, Quirianischer, Scantianischer, Scaudianischer, Scaudischer, Sceptanischer, Sextinischer und Varischer Apfel.

Nach Herkunft: Ameriqnischer, Consentinischer, Delphischer, Epirotischer, Gräkulischer, Pelusischer, Picenischer, Sidusischer, Syrischer und Tiburischer.

Nach Aussehen und Geschmack: Birnapfel, Blattapfel, Blutapfel, Honigapfel, Kastratapfel, Lungenapfel, Mehlapfel, Platanenapfel, Rundapfel, Schönbrustapfel, Setanischer Apfel, Tuch-(Leder-, Runzel-)apfel, Wollapfel, Zwillingsapfel.

Die Birne hieß bei den Griechen „apios“ (Kulturbirne) und „achras“ (Wildbirne) sowie bei den Römern „pirum“ aus dem das deutsche Wort „Birne“ entstanden ist. Die Wildbirne wegen der Adstringenz der Frucht auch Würgbirne genannt, war den Griechen heilig. Die Früchte galten roh oder gekocht als Magen reinigend, eingemacht als Stuhl fördernd. Die Härte des Holzes war sehr beliebt bei den Schustern (Ersatz des Wetzsteines) und den Künstlern (älteste Iuno- Statue). Als von den Wildbirnen abstammend waren die „Phlocische Birne“ und die „Apische Birne“ in Griechenland weit verbreitet. Die Birnenkultur und deren Sortenvielfalt war u.a. auf der Insel Thasos und auf dem Pelopones (hieß auch „Apia“= Birnenland) vermutlich viel größer. THEOPHRASTOS (371–287 v. Chr.) erwähnt die Sorten Myrrha (Muskatartige), Nardimon, Onychinon (Onyxfärbig) und Talentaion (große, längliche Birne).

Von den oben erwähnten römischen Schriftstellern gibt es eine große Zahl (60) von Sortennennungen mit vereinzelten Anmerkungen:

Nach Züchtern: Anicische, Dolabellanische, Decinische, Favonische, Fullische, Licerianische, Lollische, Nävische, Pomponische, Prancische, Sevische, Sextilische, Tiberische, Titische, Turranische, Unechte Decinische, Valerische und Voconische Birne.

Nach Herkunft: Alexandrinische, Amerianische, Antianische, Crustuminische, Falernische = Milchbirne, Griechische, Lanuvische, Milosische, Numidische, Picenische, Signinische, Syrische und Tarentinische Birne.

Nach Fruchteigenschaften: Barbarische B., Duftbirne, Faustbirne, Flaschenbirne, Frühbirne, Gerstenbirne, Honigbirne (Metbirne), Königsbirne, Kürbisbirne, Lorbeerbirne, Mispelbirne, Mostbirne, Myrthenbirne, Nardenbirne, Onyxbirne, Patricische B, Pfundbirne, Purpurbirne, Saatbirne, Schwarze B., Spätbirne, Steinbirne, Stolze Birne, Tier-(Woll-)birne, Venusbirne und Ziegelbirne.

Abb. 2.1 *Obstschale mit Äpfeln, Birnen und Weintrauben. Wandmalerei (Ausschnitt) aus dem Haus der Julia Felix in Pompeji, Archäologisches Museum Neapel, Italien*

Abb. 2.2 *Obstbaumveredelung, W.H. HOHBERG: Georgica curiosa, 1682*

Unbekannte, seltene Sorten: *P. ciritum, P. cerviscum, P. timosum.*

Die obstbaulichen Kenntnisse waren laut GAIUS PLINIUS SECUNDES dem Älteren bereits hoch entwickelt. Man wusste z.B. bereits, dass die Sorten auf generativem Wege nicht sortenecht vermehrbar sind, dass die Sämlinge fast immer schlechtere Früchte als die Ausgangssorten trugen.

Folgende Veredelungsarten waren üblich: „insitio" = Pfropfung (Rindenpfropfung, Spaltpfropfung), weiters „terebratio" = Bohrpfropfung, „inoculatio" = Okulation (ohne T-Schnitt), „emplestratio" = erweiterte Okulation, sowie das Ablaktieren. Veredelt wurde nur bei zunehmendem Mond. Die Veredelungswunden wurden mit einem gut gekneteten Lehm-Spreu-Kuhmist-Gemisch verschlossen, mit Binsen oder Ulmenbast verbunden und gegen Austrocknung mit Moos überbunden.

Man legte auch Wert auf Düngung (z.B. Asche und Schafmist, Ziegenmist, alte Weinhefe) und auf Pflanzenschutz (z.B. Spritzungen mit Eidechsengalle gegen Zweigfäulnis und Gießen mit Ochsengalle und Gülle gegen Wurzelwürmer).

Ernte, Lagerung, Einmachen und Verarbeitung von Äpfeln und Birnen: Bei den Römern sollte nach der Herbstnachtgleiche und nicht vor der 1.Tagesstunde gepflückt werden. Die Lagerung erfolgte in nordseitigen, dunklen, kühlen, luftigen Obstkammern, mit den Fruchtstielen möglichst nach unten, auf mit Nusslaub bedeckten Matten oder Brettern; teils in irdenen Gefäßen, Fässern oder Holzkästchen auf Sägespänen von Weißtannen oder Pappeln gelegt und mit Deckeln verschlossen, abgedichtet mit Pech oder Lehm. Früchte wurden in Spalten geschnitten, in Krüge gelegt und mit Honig übergossen. Auch die Herstellung von Saft und Obstwein war üblich.

DIE POSTRÖMISCHE ZEIT UND DAS MITTELALTER

Der Zusammenbruch des römischen Reiches im 5. Jahrhundert n. Chr. führte auch zu einem Niedergang des Obstbaues, auch in den ehemaligen Provinzen. Die ostgotischen Horden verwüsteten die Obstgärten der römischen Landgüter. Diese Untat lässt sich auch nicht durch die Erwähnung beschönigen, dass ihr König THEODERICH um 493 n. Chr. in seinen Gärten in Ravenna Obstbäume veredelt haben soll. Der langsame und mühsame Wiederaufbau des Obstbaues in Süd-, West- und Mitteleuropa erfolgte anfangs durch Benediktiner- und Zisterziensermönche, die obstbauliches Wissen, Obstbäume und Edelreiser weit verbreiteten. Im Folgenden seien im Zeitrafferstil chronologisch einige obstbauliche Ereignisse erwähnt:

Im Jahre 590 n. Chr. dankte VENANTIUS FORTUNATUS, Dichter am Hof des Frankenkönigs CHILDEBERT II in seiner „Carmina" dem Bischof GREGOR VON TOURS für die Übersendung von Apfelbäumen und Reisern und berichtete, dass der König selbst sie veredelte. Im Jahre 615 n. Chr. schrieb ISODORUS HISPALENSIS ein etymologisches Wörterbuch für Obst. 812 n. Chr. wurde die Landgüterverordnung KARLS DES GROSSEN „Capitulare de villis et curtis" veröffentlicht, in der die Apfelsorten Gosmaringer, Geroldinger, Crevedeller und Spirauker genannt wurden. 820 n. Chr. wurde der berühmte Gartenplan des Benediktinerklosters St. Gallen erstellt. Der Obstgarten war gleichzeitig der Mönchsfriedhof. Etwa 830 n. Chr. schrieb Abt WALAHFRIED STRABO (809–849) vom Kloster Reichenau in seinem „Hortulus", dass er große volemische Birnen pflückte, von denen eine Birne die ganze Hand ausfüllte.

Im Jahre 1060 n. Chr. ließ Papst NIKOLAUS II Obstgärten nahe dem Vatikan errichten. 1140 n. Chr. beschrieb HILDEGARD VON BINGEN (1098–1179) in ihrer „Phyisica" verschiedene Obstarten und -sorten hinsichtlich deren kulinarischer und medizinischer Nutzung. Um 1200 n. Chr. erwähnt A. NECKAM, Univ. Prof. in Paris und später

Abt, in seinem Werk „De naturis rerum libro duo“ die Birnensorten Warden und St. Regula. Ob letztere Sorte mit „Poire San-Regle“, die BERNARD VAUTHIER in der Westschweiz wieder entdeckt hat oder mit der Regelsbirne, die 1371 erstmals in Oberösterreich als „Regelsburen“ urkundlich genannt wird, identisch ist, lässt sich wegen fehlender Sortenbeschreibungen nicht sagen.

APFEL- UND BIRNENANBAU BEI DEN MÖNCHEN, ADELIGEN, BÜRGERN UND BAUERN

Ende des 17. Jahrhunderts war die Zahl der Klöster, Schlösser, adeligen und bürgerlichen Gutshöfe in vielen Ländern bereits beträchtlich angewachsen. Was die dortigen Gärten betrifft, so gab es neben dem Ziergarten meist auch einen Kräutergarten, Gemüsegarten und Obstgarten. Die über Jahrhunderte tradierten obstbaulichen Kenntnisse der Gärtner gingen noch auf die alten Römer zurück. Empfindliche Sorten wurden als Spalier entlang der besonnten Mauern gezogen. Die Bäume wurden mit Reisern veredelt, die als Resultat von Ordens-, Verwandtschafts- und Handelsbeziehungen vielfach eine weite Reise hinter sich hatten. Angewandt wurden fast alle klassischen Pfropf- und Okulationsmethoden. Was die Apfel- und Birnensorten betrifft, so gab es meist welche für die Tafel, Küche, Saft, Obstwein und zum Dörren. Es wurde auch Wert auf unterschiedliche Reifezeiten gelegt, vom Sommerapfel bis zum Winterapfel. Im Stiftungsbuch des Klosters Windhaag bei Perg (Oberösterreich) aus dem Jahre 1691 sind von den 26 genannten Apfelsorten, von denen etwa 10 noch heute namentlich existieren, die meisten geeignet für eine Mehrfachnutzung. Bei den 19 Birnensorten fällt auf, dass viele Frühsorten (Nagowitzbirne, Muskatellerbirn, Salzburgerbirn, Laurenzibirne, Sommerbergamotte etc.) genannt sind. Ein teils ähnliches Sortenspektrum findet sich in der „Georgica Curiosa“ von 1682 bis 1687 des im deutschen Sprachraum damals sehr bekannten H. WOLF Freiherr von Hohberg (Abb. 2.2).

Die Obstgärten der reichen Bürger waren meist kleiner und weniger aufwändig gestaltet, erfüllten aber auch den Zweck, für den Eigenbedarf und bei Überschuss auch für den Verkauf gutes Obst zu produzieren.

Was die bäuerlichen Obstgärten betrifft, so ist trotz geringer Aufzeichnungen davon auszugehen, dass primär Sorten für die Herstellung von Saft, Obstwein, Dörrobst und für die Küche vorhanden waren.

ZEITALTER DER KLASSISCHEN POMOLOGIE

Bereits vom 16. bis Mitte des 18. Jahrhunderts hat es obstbauinteressierte Botaniker, Ärzte, Schriftsteller etc. gegeben, die in ihren Werken teils erstaunlich viele Obstsorten aufgeführt haben, teils auch versehen mit kurzen Beschreibungen, seltener mit Zeichnungen. Von diesen kamen aus Italien: AGOSTINO GALLO (1499–1570), PIETRO ANDREA MATTIOLI (1500–1577), ULISSE ALDROVANDI (1522–1607), GIOVANNI BATTISTA FERRARI (1584–1655), FRANCESCO CUPANI (1657–17109); aus Deutschland: VALERIUS CORDUS (1515–1544), JAKOB THEODOR TABERNAEMONTANUS (1520–1590); aus der Schweiz: JOHANNES BAUHIN (1541–1613), Daniel Rhagor (1577–1648); aus Frankreich: OLIVIER DE SERRES (1539–1619), JEAN DE LA QUINTINYE (1626–1688) und aus England: JOHN PARKINSON (1567–1650), JOHN EVELYN (1620–1706), PHILLIP MILLER (1691–1771) und BATTY LANGLEY (1696–1751).

In der klassischen wissenschaftlichen Pomologie (Mitte 18. Jhdt. – Ende 19. Jhdt.) ging es bereits um mehr oder weniger exakte Kenntnisse von Frucht- und teils Baummerkmalen der Sorten auf der Basis mehrjähriger Beobachtungen. Es gab Pomologen, die dieses Wissen zu Papier gebracht haben und andere, die die Früchte ihrer Arbeit nicht mehr ernten konnten und so vielfach in Vergessenheit gerieten. Aus Platzgründen sollen im Folgenden nur Vertreter der klassischen Pomologie aus dem Gebiet der ehemaligen Österr.-Ungarischen Monarchie, Deutschland, Schweiz und Italien genannt sein: JOHANN KRAFT (1738–1808) veröffentlichte 1792 in Wien sein berühmtes Werk „Pomona Austriaca“ mit handkolorierten Abbildungen; ANTON ALBERT VON MOSCON (1782–1822), geistiger Ziehsohn der Pomologen DIEL und TRUCHSESS, wirkte in Graz und Pischätz (heute Pišece in Slowenien); CONSTANTIN KELLER (1778–1864), Pfarrer in Mautern und Gröbming, Schöpfer eines pomologischen Wachsfrüchtekabinetts (Stift Admont); JOHANN LEXA VON AEHRENTHAL (1777–1845) schrieb in Prag „Deutschlands Kernobstsorten“; JOSEF SCHMIDBERGER (1773–1844), Pater des Stiftes St. Florian, schrieb mehrere Obstbaubücher, war Spezialist für oberösterreichische Lokalobstsorten; Dr. GEORG LIEGEL (1779–1861) war Apotheker in Braunau, Baumschulist, Sortensystematiker (vor allem für Pflaumen), Verfasser mehrerer Pomologien; Dr. RUDOLF STOLL (1847–1913), Direktor der Höheren Obst- und Weinbauschule Klosterneuburg, verfasste u. a. „Österreichisch-Ungarische Pomologie“; HERMANN GOETHE (1837–1911) Önologe und Pomologe, 1. Direktor der Höheren Obst- und Weinbauschule Marburg (Maribor, Slowenien); HEINRICH GRAF ATTEMS-PETZENSTEIN (1834–1909) aus Graz, war Obmann des Österreichischen Pomologenvereins, arbeitete am Östereichisch-Ungarischen Obstgrundbuch; CONRAD ROSENTHAL (1848–1899) war Baumschulist in Wien, verfasste „Pomologisches Handbuch für Niederösterreich“; JOSEF LÖSCHNIG (1872–1949), geboren in St. Johann im Draufeld (Šentjanž na Dravskem polju, heute Starše , Slowenien), wichtigster österr. Pomologe des 20. Jhdts., Verfasser obstbaulicher und Mitverfasser pomologischer Werke; MATE BERECZKI (1824–1895), bekanntester ungarischer Pomologe, verfasste „Gyümölcseszeti Vazlatok“= Pomologische Skizzen.

Abb. 2.3
Anton Albert v. Moscon

Abb. 2.4
Josef Schmidberger

Abb. 2.5
Dr. Georg Liegel

Von den vielen deutschen Pomologen sollen die wichtigsten genannt sein: Heinrich LUDWIG MANGER (1728–1790) schrieb in Potsdam „Anleitung zu einer vollständigen systematischen Pomologie“; JOHANN LUDWIG CHRIST (1739–1813), Pfarrer in Kronberg, verfasste mehrere obstbauliche und pomologische Werke; JOHANN VOLKMAR

SICKLER (1741–1820), Pfarrer, Verfasser von „Der teutsche Obstgärtner"; AUGUST FRIEDRICH ADRIAN DIEL (1756–1839), Arzt in Ems, berühmter Sortensystematiker, verfasste in 27 Bänden „Versuch einer systematischen Beschreibung in Deutschland vorhandener Kernobstsorten"; EDUARD LUCAS (1816–1882), Direktor des Pomologischen Institutes in Reutlingen, verfasste u. a. „Die Kernobstsorten Württembergs", Mitbegründer des „Illustrierten Handbuches der Obstkunde" von JAHN, LUCAS und OBERDIECK; WILHELM LAUCHE (1827–1883) verfasste in Potsdam „Deutsche Pomologie"; Dr. THEODOR ENGELBRECHT (1813–1892), Arzt, verfasste das Standardwerk „Deutschlands Apfelsorten".

Abb. 2.6
Hermann Goethe

Abb 2.7
Josef Löschnig

Abb 2.8
Heinrich Graf Attems-Petzenstein

Abb. 2.9
August F. A. Diel

Abb. 2.10
Dr. Theodor Engelbrecht

Abb. 2.11
Wilhelm Lauche

Abb. 2.12
Eduard Lucas

Von den Schweizer Pomologen sind zu nennen: FRIEDRICH ZEHENDER (1791–1870), Verfasser von „Auswahl einiger der besten und abträglichsten Äpfelsorten für Obstgärten und das freie Land überhaupt"; G. PFAU-SCHELLENBERG (1815–1881), Mitarbeiter am sehr schönen Werk „Schweizerische Obstsorten".

Der berühmteste italienische Pomologe ist wohl GIORGIO GALLESIO (1772–1839). Seine Pomologie „Pomona Italiana " ist die teuerste der Welt (ca. 200 000 Euro); CARLO ZASSO (1839–1912) war Mitbegründer der pomologischen Zeitschrift „Bollettino di Pomologia e Frutticoltura".

Das goldene Zeitalter der Pomologie mit seinem „Wirr-Warr“ von tausenden Obstsorten ging mit dem 19. Jahrhundert zu Ende. Der Wandel von der Sortenliebhaberei zum landwirtschaftlichen Erwerbsobstbau mit einem stark reduzierten Sortenspektrum vollzog sich in den meisten europäischen Ländern mit unterschiedlicher Geschwindigkeit.

Abb. 2.13
Mate Bereczki

Abb. 2.14
Friedrich Zehender

Abb. 2.15
Giorgio Gallesio

PLANTAGENOBSTBAU – STREUOBSTBAU

Zu Beginn des 20. Jahrhunderts gab es in den meisten mitteleuropäischen Staaten noch den bäuerlichen Erwerbsobstbau auf Basis von Hochstammobstbäumen. Die Ernte war mühsam, Pflanzenschutz und Düngung waren sehr aufwändig. Als Tafelobst waren damals üblich: Wintergoldparmäne, Kanada-, Baumann-, Landsberger-, Champagner- und Blenheim- Renette, Cox Orange, James Grieve, Gelber Richard, Schöner von Boskoop, Berner Rosen etc., weiters u. a. Bosc´s Flaschenbirne, Diel´s Butterbirne, Clapps Liebling, Blumenbachs Butterbirne, Gute Luise, Herzogin Elsa, Williams Christbirne, Winterdechantsbirne.

Teils vor dem 2. Weltkrieg, meist jedoch bald danach stellte man auf Niederstammanlagen und Obsthecken um. Gleichzeitig vollzog sich ein Sortenwandel u.a. hin zu Golden Delicious, Jonathan, Glockenapfel, Cox Orange, Freiherr von Berlepsch, Bosc´s Flaschenbirne. Einige Altsorten werden selbst heute noch produziert. Das in den Supermärkten angebotene Sortenspektrum ist aus Vermarktungsgründen meist sehr gering, was vom Konsumenten vielfach kritisiert wird. Äpfel und Birnen von älteren Sorten werden meist nur auf speziellen Märkten auf dem Lande oder ab Hof bei den Bauern verkauft. Heute dominieren u.a. die Sorten Golden Delicious, Red Delicious, Jonagold, Arlet, Idared, Gala, Gloster, Elstar, Bosc´s Flaschenbirne (synonym Kaiser Alexander), Packhams Triumph, Conference, Gräfin von Paris, Dr. Jules Guyot, Alexander Lucas, Williams Christ, Bunte Julibirne, Präsident Drouard (vgl. Kap. 6 und 9).

Der Streuobstbau ist in vielen Ländern aus vielerlei Gründen (Strukturwandel der landwirtschaftlichen Betriebe, Niedrigstpreise für Verarbeitungsobst, Änderungen der Trinkgewohnheiten etc.) nahezu ausgelöscht worden. Erst seit den letzten 20 Jahren besinnt man sich wieder mehr der besonderen ökologischen Bedeutung dieses Kulturzweiges. Förderungsmaßnahmen der EU, des Bundes, der Länder und Gemeinden sollen dem rasanten Schwund der Streuobstbestände entgegenarbeiten. „Mosttrinker sind Umweltschützer" heißt vielerorts die Devise. Man hat erkannt, dass Fördergelder nichts nützen, wenn sich niemand mehr die Mühe macht, das Obst zu gesunden, wertvollen Produkten zu veredeln und damit die wünschenswerte Wertschöpfung zu erzielen.

Vor allem in Nieder- und Oberösterreich aber auch in anderen österreichischen Bundesländern ist die Zahl der Mostschänken wieder leicht steigend, wovon auch ein sanfter Tourismus profitieren kann (vgl. Kap. 5).

Was die alten Sorten betrifft, so gibt es seit einigen Jahren in fast allen europäischen Ländern geförderte, teils flächendeckende Inventarisierungen alter Sorten und auch Maßnahmen für deren Erhaltung.

Die jahrtausende alte Apfel- und Birnenkultur ist zurzeit durch die wohl gefährlichste Obstbaumseuche, den Feuerbrand, weiters durch den „Birnenverfall" (Pear decline) und teilweise auch durch die klimatischen Veränderungen bedroht. Die Zukunft wird weisen ob die beiden Obstarten zum Wohle der Menschen genügend anpassungsfähig sind.

Autor: S. BERNKOPF

Weiterführende Literatur

MARTINI S. 1988. Geschichte der Pomologie in Europa. – Eigenverlag, Bern.

3 – REGIONALE GESCHICHTE DES KERNOBSTBAUES IM SÜDÖSTLICHEN ALPENRAUM

STEIERMARK

Der Obstbau vor 1900 und die Zeit Erzherzog Johanns

Der erste nachweisliche Obstfund in der Steiermark stammt aus der Späthallstattzeit (560 v. Chr.) aus einem Brandgrab bei Wies in der Weststeiermark. Einige Jahrhunderte später gründeten die Römer den planmäßigen Obstbau. Die Klöster führten den Obstbau wie überall in Europa in die Landwirtschaft ein und förderten den Anbau.

Der Übergang der Landwirtschaftsgesellschaft in die Industriegesellschaft mit dem Beginn am Anfang des 19. Jahrhunderts und der Übergang in die Bauernfreiheit brachte an die Betriebsführer große Anforderungen. Bisherige Obstsorten, die den damaligen wirtschaftlichen Interessen nicht mehr genügten, mussten auslaufen und durch Neuzüchtungen ersetzt werden. Eine zentrale Stellung in der Obstbaugeschichte der Steiermark und der angrenzenden Gebiete nimmt Erzherzog Johann als Präsident der „Steiermärkischen Landwirtschaftsgesellschaft" durch seine Schulgründungen und seine Musterbaumschule ein. Hier ein Zitat Erzherzog Johanns persönlich zur Errichtung der Musterbetriebe anlässlich der Eröffnung der k.k. Landwirtschafts-Gesellschaft Steiermark am 28.3.1819: „ ...dass die Emporbringung des Obstbaues zu höchstem Flor notwendig ist, als ein Zweig, welcher dem Lande einen wahren Nutzen durch Nachfrage und Absatz bringen kann". Aus diesem Satz könnte man ableiten, dass Erzherzog Johann als Vater des modernen und eigentlich auch des Erwerbsobstbaues gelten kann, da damit der Grundstein für eine planmäßige Obstwirtschaft in der Steiermark gelegt wurde, wenn auch der wirtschaftliche Erfolg erst später einsetzte. Die Musterbaumschule hatte bereits 1823 die Aufgabe, wirtschaftlich uninteressante Sorten nicht mehr zu vermehren und schwerpunktmäßig 334 Apfel- und 267 Birnensorten, darunter auch Novitäten unter dem Motto: „Alles versuchen und das Beste behalten" zur Verfügung zu stellen. Die Zentrale der Betriebe stand in der Nähe des heutigen Grazer Hauptbahnhofs, gab ab 1826 Tafelobstbäume in größeren Mengen an die Bauern ab und hatte im Landesgebiet verstreut mehrere Filialbaumschulen. So standen in der Pöllauer Filialbaumschule 1829 5000 Bäume mit 518 Sorten. Dies deutet bereits auf eine immense Sortenvielfalt in dieser Zeit hin, die durch die planmäßige Baumschulwirtschaft von rund 1000 Sorten auf rund 500 wirtschaftlich bedeutende gesenkt wurde. LÖSCHNIG ordnet den Beginn des Erwerbsobstbaus ab 1880 zu und weist darauf hin, dass neben der Baumschere und dem -messer der Rechenstift eine große Rolle spielt.

Das Sortenregister der Zentralbaumschule aus 1833 weist 697 beschriebene Apfelsorten, jenes aus 1844 zusätzlich 607 Birnensorten auf.

1900 bis Ende des 2. Weltkrieges

Die Verkaufsförderung des steirischen Obstes erfolgte ab 1908, organisiert durch die Obstverwertungsstelle des Verbandes landwirtschaftlicher Genossenschaften der Steiermark, in der Viktualienmarkthalle in Wien in den Herbst- und Wintermonaten durch jeweils wöchentlich zwei Tage. Die Käufer erhielten dort eine fachliche Beratung. Als Verkaufsabgabe mussten 5 % des Verkaufsroherlöses zur Verfügung gestellt werden. Von den um die Jahrhundertwende durchschnittlich aus der Steiermark ausgeführten 328.520 Meterzentnern (1 mq = 100 kg) an Obst stammten 0,1 % aus dem Ennstal, 0,3 % aus dem oberen Murtal, 0,2 % aus dem Mürztal, 13,7 % aus dem Safen- und Feistritztal, 21,4 % vom Raabtal, 18,8 % vom Grazer Murtal, 12,8 % aus dem Leibnitzer Murtal, 7,7 % vom unteren Murtal, 19,9 % aus dem Drautal, 3,1 %

aus dem Sanntal und 2,0 % aus dem Savetal. Bevorzugte Transportgefäße für den weiteren Transport waren Obstfässer (ca. 100 kg Inhalt, vgl. Abb. 3.1), geschlossene Kisten in verschiedenen Größen sowie herkömmliche Transportkisten und Körbe. Direktlieferungen an Konsumenten erfolgten in Kleinkisten, wobei man bei Mehrsorten-Lieferung per Kisten die einzelnen Sorten in verschiedenfärbigem Papier getrennt einwickelte. Transporte in Eisenbahnwaggons erfolgten vorwiegend lose liegend.

Die Exporte gingen vorwiegend in die Kronländer der Monarchie, unter anderem auch nach Ägypten, nach Russland und Indien. Pflanzenschutzmaßnahmen im heutigen Sinne kamen erst um 1900 auf.

Die Steiermark zählte um die Jahrhundertwende gemeinsam mit Böhmen und Tirol zu jenen Kronländern, die in ihrer obstbaulichen Intensität die anderen übertrafen. Die obstbaulichen Betriebsformen waren damals in Böhmen der Feldobstbau, meist flächig deutlich abgetrennt von den Äckern und der Rainobstbau. In (Süd)Tirol war der Obstbau kombiniert mit dem Weinbau bzw. gab es damals auch schon intensive Obstkultur. In der Steiermark war die Betriebsform der Wiesenobstbau, meist gemeinsam mit der Viehzucht. Lauche bezweifelt 1904 die damaligen amtlichen Erntemengenangaben, die von Schätzungen der Gemeindesekretäre stammten und von ihnen aus steuerlichen Gründen meist wesentlich niedriger angesetzt wurden. So liegen aus Tirol amtliche Erntemengenangaben von 69.000 mq vor, während allein die Südbahn dort jährlich durchschnittlich fast 177.000 mq Obst abtransportierte. Dies bedeutet mehr als das 2,5fache.

Der Wert des damaligen Obstexports aus der Steiermark wurde mit 2 1/2 Millionen Gulden angegeben, wobei das Landessortiment trotz Sortenreduktion für den Marktobstbau mit 30 Apfelsorten, 30 Tafel-, Markt, Koch- und 15 Mostbirnsorten angeführt wurde.

Hinsichtlich des Abnahmeerlöses des Obstes gab es in der Zwischenkriegszeit große Klagen über die Unter- und Zwischenhändler („Manschetter") die das Obst, wie TÖDLING ausführt, zu Schundpreisen, abkauften. Die Gründung einer Obst- und Verkaufsgenossenschaft wurde 1914 angedacht, kam aber marktwirksam erst fünfzig Jahre später zu Wirkung. Die bereits 1898 geplante Grazer Obstbörse hätte Tafel-, Wirtschafts-, Mostobst, gedörrte und eingekochte Obstfrüchte, Obstwein, Obstbranntwein, Obstliköre, Mus, Marmeladen, Gelees u. a. bewirtschaften sollen, wobei das angebotene Obst durch eine Gemeindebestätigung einen steirischen Herkunftsnachweis haben musste. Ab 5 kg bis zu Waggonladungen war es möglich, das Obst versteigern zu lassen. Ein mangelndes Verständnis für Qualität und Sortierung und andere Händleraktivitäten verhinderten einen Erfolg.

Der in den Zwanzigerjahren des vorigen Jahrhunderts geplante gesamtösterreichische Obstbauverein sollte einen strategischen Obstverkauf mit einheitlicher Verpackung und sortiertem Obst sowie die Gleichstellung des Ribiselweins mit dem Traubenwein für die Buschenschänken bringen. Ebenso sollte es wegen eines verstärkten Obstimports zu Zeitzöllen für Marillen, Pfirsichen und Kirschen kommen. Letztere Forderungen waren erst mit der Einführung des 3-Phasen Zollsystems nach dem zweiten Weltkrieg erfüllt.

Die bisherige Hagelversicherung, die immer mehr auszuzahlen hatte, als diese als Prämien einnahm, konnte die Ernte- und Qualitätsausfälle durch die Witterungseinflüsse nie kompensieren. Erst 1961 wurde die Hagelversicherung auf eine neue finanzielle Basis durch gemeinsame Zuschüsse von Bund und Ländern gestellt.

Bereits 1932 galten für die Obstvermarktung Qualitätskriterien, die die äußere Qualität lose umschrieben, aber eine sortenbezogene Größenklasseneinteilung nach dem Mindestmaß am größten horizontalen Fruchtdurchmesser vorgaben. Gruppe I (mindestens 70 mm, 8 Sorten), II (65 mm, 22 Sorten), III (60 mm, 33 Sorten), IV (55 mm, 6 Sorten).

Die Kriegsjahre brachten dem Obstbau ab 1942 ein Direktverkaufsverbot an Endverbraucher und in den Hauptanbaugebieten eine Mindestablieferungspflicht bei Äpfeln.

Die Zeit nach dem 2. Weltkrieg

Nach dem zweiten Weltkrieg stellte der Streuobstbau bis in die Sechzigerjahre das Rückgrat der steirischen Obstproduktion dar. Der beginnende plantagenmäßige Intensivobstbau, anfänglich noch auf hohen Bäumen, stellte bald eine große Konkurrenz dar. Geförderte Rodeaktionen und mangelnde Pflege der Streuobstbäume leiteten den Untergang des Streuobstbaus ein. Heute ist eine deutliche Grenzlinie zwischen den bodennahen Baumformen des Erwerbsobstbaus und den großkronigen landschaftsprägenden Streuobstbäumen vorhanden. Ein zielgerichteter, fach- und sachgerechter Baumschnitt in Mehrjahresabständen verjüngt aber die Bäume und lässt diese wieder wirtschaftlich werden. Die Streuobsternte kann durch vollmechanische Ernte (Vollernter, die die Bäume sanft schütteln und die Früchte vom Boden ohne kraftaufwändige und rückenbelastende Handarbeit aufheben) oder teilmechanische Ernte (Hand- oder Maschinenschüttler mit getrennt arbeitenden Aufsammelmaschinen) wirtschaftlich betrieben werden. Die wertvollen natürlichen Inhaltsstoffe des Streuobstes stellen auch eine wesentliche Basis der bäuerlichen qualitativ hochwertigen Obstverarbeitung dar.

Die Qualität der steirischen Äpfel Mitte der Fünfzigerjahre war bereits hoch. So berichtet KÖNIG (zitiert nach TÖDLING) über eine Bewertung steirischer Äpfel in Jork im Alten Land bei Hamburg und in Malans (Schweiz), dass die Früchte farbmäßig hervorragend ausgebildet waren und eine vorzügliche Qualität aufwiesen. Am ersten Bundesobstbautag in Wien 1954 wurden u. a. folgende Forderungen resolutionsmäßig aufgestellt: Intensivierung und Rationalisierung der Obstproduktion, Intensivierung der Obstbaumwärterausbildung, Verbesserung der Obstbauberatung und -forschung, Förderung des Obstabsatzes und Einführung einer Qualitätskontrolle.

Heute ist die Steiermark das größte obstproduzierende Bundesland Österreichs. Naturgemäß bestimmt der Apfel den steirischen Obstanbau. Die idealen Standortsverhältnisse (meist Hanglagen mit spurenelementreichem mittelschwerem Boden, warme Herbsttage und kühle Nächte) für diese Obstart lassen die Früchte zu einer hervorragenden Qualität heran reifen. Eine entsprechende Beratung bringt das steirische Obst und das steirische Anbaugebiet dazu, auf das Sprungbrett zu den drei führenden Obstbauregionen Europas aufzusteigen. Im Rahmen des Qualitätsmanagements ist die Steiermark bereits Europaführer.

SLOWENIEN

In Slowenien gedeihen so viele Obstarten wie nur selten wo in Europa. In einem sehr begrenzten Territorium zwischen Alpen, Adriatischem Meer und Pannonischer Ebene treffen sich drei Klimagebiete – Alpenklima, Kontinentalklima und Mittelmeerklima. Klimatische Vielfalt und geografische Bewegtheit ermöglichen, dass im Territorium von Slowenien 27 verschiedene Obstarten gedeihen. Dass Slowenien sehr eng mit Obstbau verbunden war und ist beweisen auch überdurchnittlich viele Ortschaftsnamen, die mit Obstarten zusammenhängen – 24 mit Kirsche, 17 mit Nussbaum, 13 mit

Apfel, 13 mit Haselnuss, 11 mit Birne, 10 mit Pflaume, 6 mit Kastanie und noch weitere mit anderen „obstbauähnlichen Namen“.

Obstbau bis 1848

Es gibt keine sicheren Quellen über den Anfang der Kultivierung von verschiedenen Obstarten. Wir nehmen aber an, dass der Apfel die erste kultivierte Obstart im slowenischen Gebiet war, wie auch in ganz Mitteleuropa. Vor der Ankunft der Römer in unserem Gebiet waren sehr wahrscheinlich Äpfel und Birnen die Hauptobstarten. Die Römer haben dann die Marillen, die Pfirsiche, die Feigen und die Oliven mitgebracht. Alle slowenischen Völker benutzen die gleichen Bezeichnungen für Apfel, Birne, Kirsche und Pflaume, was beweist, dass die genannten Obstarten schon in der Urheimat bekannt waren.

Über den Obstbau im Mittelalter liegt sehr wenig Schriftliches vor. Wahrscheinlich ist, dass es einen planmäßigen Obstbau nur bei Schlössern und Klöstern gegeben hat. Ein Schreiben von Notar Santonino (Begleiter des Weihbischofs von Aquilea) aus den Jahren 1485 – 1487 berichtet über viele verschiedene Apfel- und Birnensorten, aber auch über Walnüsse und Pfirsiche. Außerhalb der Schlösser und Klöster gab es sehr wahrscheinlich nur urwüchsiges Obst. Am Ende des 16. Jahrhunderts wurde aber schon von einem organisierten Verkauf von Obst durch Marktfrauen in Laibach (Ljubljana) berichtet. Auch in Spitalsbüchern findet man Angaben über den Ankauf von Trockenobst. Es scheint, dass gerade das Dörrobst eine wichtige Nahrungsquelle war.

Eine bessere Übersicht über die Verbreitung und Bedeutung des Obstbaus am Ende des 17. Jahrhunderts ist in einem Buch von Janez Vajkard Valvasor „Slava vojvodine Kranjske“ aus dem Jahr 1689 gegeben. An erster Stelle erwähnt er die Äpfel (mehr als 100 Sorten) und nicht viel weniger Birnen. Er beschreibt auch viele Pflaumen, Kirschen, Weichseln, Pfirsiche, Marillen, Walnüsse, auch Ribiseln und Stachelbeeren. Diese Vielfalt hat es nur in Gärten von Schlössern, Klöstern und in Pfarrhausgärten gegeben. Für die Untertanen jedoch stand dies alles nur in einem sehr begrenzten Ausmaß zur Verfügung. Obwohl Valvasor über Oberkrain (Gorenjska) und Unterkrain (Dolenjska) schreibt, dürfen wir annehmen, dass die Situation auch in Steiermark (Štajerska) und in den Küstengebieten (Primorska) ähnlich war.

Die ersten Katastralangaben aus dem Jahr 1780 – 1785 erwähnen noch keine Obstanlagen, erst in den Katastermappen aus den Jahren 1810 – 1825 bilden sie eine eigene Kategorie.

In der Mitte des 18. Jahrhunderts wurden von Kaiserin Maria Theresia die ersten systematischen Versuche, im Gebiet des heutigen Slowenien den Obstbau populär zu machen, durchgeführt. Auf ihren Befehl (Empfehlung oder Verordnung) wurden die ersten Obstalleen und Baumreihen gepflanzt. Ihr Sohn Josef II. hat auch über Preise für tüchtige Obstbauern versucht, den Obstbau attraktiv zu machen. Zu den interessanten Versuchen, die Auspflanzung von Obst zu vermehren, gehörten auch Verordnungen, dass jeder Jungvermählte mindestens einen Obstbaum pflanzen musste, oder dass bei der Geburt von Kindern immer Obstbäume zu pflanzen waren.

Obstbau zwischen 1848 und 1919

Ein richtiger Bauernobstbau begann erst mit dem Ende des Feudalismus im Jahr 1848. Auch noch zu dieser Zeit haben die Leute das Obst als ein „gemeinsames Gut“ betrachtet. Vorübergehende haben das Obst nach Belieben genießen dürfen, weil „Obst ohne besondere Pflege und Arbeit gedeiht“, wie darüber Stako Vraz um 1850 schrieb. Neben der positiven Einwirkung der staatlichen Politik auf den Obstbau (Alleen…)

Abb. 3.1 *Modell eines Apfeltransportwagens*

Abb. 3.2 *Früheres Mustergut Erzherzog Johanns, Pikern (Pekre)*

Abb. 3.3 *Frühere Obst- und Weinbauschule in Marburg (Maribor)*

Abb. 3.6 *Obstbauversuchsanlage St. Andrä*

haben noch zwei wichtige Ereignisse die Entwicklung des Obstbaus sehr stark beeinflusst: Die Hungersnot um 1860 und das Auftreten der Reblaus und das damit verbundene breitflächige Sterben der Weingärten. Mancher Weinbaubetrieb war durch Obstverkauf vor dem wirtschaftlichen Ruin bewahrt worden. Teilweise wurden sogar neue Obstanlagen anstelle der Weingärten errichtet.

Entstehung von Baumschulen

Die erste Baumschule in Slowenien wurde schon im Jahr 1824 in Laibach (Ljubljana) gegründet. Diese war besonders wichtig für Oberkrain (Gorenjska) und Unterkrain (Dolenska). In der gleichen Zeit war für die südliche Steiermark (Štajerska) die Baumschule in Graz wichtig, die unter Einfluss von Erzherzog Johann gegründet worden war. Fast alle Edelreiser für die Baumschule in Laibach (Ljubljana) kamen aus Graz. Danach wurden bald viele neue kleinere Baumschulen gegründet.

Landwirtschaftliche Schulen

Die Geschichte der landwirtschaftlichen Schulen im slowenischen Gebiet ist sehr eng mit Erzherzog Johann verbunden. Im Jahr 1822 hat er sich ein Gut oberhalb von Pikern (Pekre) am Abhang des Bacherngebirges (Pohorje) gekauft. Ermutigt durch die ausgezeichnete Qualität der ersten Weinlese 1826 entschloss er sich, dort zu wohnen und ließ sich ein Haus (Abb. 3.2) bauen. Im Jahr 1832 gründete er die erste Winzerschule in Pikern, die als erste landwirtschaftliche Schule im slowenischen Territorium gilt.

Laut Verordnung des Bischofs von Seggau aus dem Jahr 1858 wurde Obstbau als Lehrfach im 3. und 4. Jahr der theologischen Fakultät unterrichtet. Schon 1851 war vom Staat empfohlen worden, dass Obstbau als Lehrfach in Volksschulen unterrichtet werden sollte. Sehr viele Schulen (181) besaßen damals auch eigene Baumschulen. Gegen Ende des 19. Jahrhunderts wurden auch mehrere staatliche Obstbauschulen gegründet: 1868 in Gorizia – Goerz (Gorica) als erste slowenische landwirtschafliche Schule mit 16 Lehrfächern, 1872 in Marburg (Maribor) die Obst- und Weinbauschule (Abb. 3.3) – ihr erster Direktor wurde Hermann Goethe(vgl. Kap. 2) –, 1873 die Mittelschule in Slap bei Vipava (1886 übersiedelte sie nach Grm bei Novo Mesto) und 1910 die landwirtschaftliche Mittelschule in St. Georgen bei Cilli (Šentjur pri Celju).

Die Schule in Marburg (Maribor) war die erste auf Obst- und Weinbau spezialisierte Schule auf slowenischem Gebiet. Bis 1918 war die Unterrichtssprache Deutsch. Für Slowenisch sprechende Schüler war ein zusätzliches Lehr(Unterrichts)jahr für die Sprache obligatorisch. Zwischen 1872 und 1918 haben 545 Schüler die Schule absolviert und danach viel zur Entwicklung von Obst- und Weinbau beigetragen.

Bedeutung der Landwirtschaftsgesellschaften und Obstbauvereine

Landwirtschaftsgesellschaften waren schon Ende des 18. Jahrhunderts in Klagenfurt (Celovec), Gorizia (Gorica), Graz (Gradec) und Triest (Trst) gegründet worden. Leider sind alle schnell zu Grunde gegangen. Wieder gegründet wurden sie erst im 19. Jahrhundert und ab Mitte des 19. Jahrhunderts haben sie deutlich auf die Obstbauentwicklung Einfluss genommen. In diesem Zeitraum wurde Obst ein wichtiger Handelsartikel. Die Entwicklung der Eisenbahn spielte dabei eine wichtige Rolle. 1856 war die Verbindung Wien – Laibach (Ljubljana) – Triest (Trst) fertig, 1862 Laibach (Ljubljana) – Agram (Zagreb), 1866 Laibach (Ljubljana) – Goerz (Gorica).

Die wichtigsten Tätigkeiten der Landwirtschaftsgesellschaften waren: theoretische und praktische Ausbildung (Anbau, Lagerung und Verarbeitung), Erstellung von Muster- und Versuchsbetrieben, Errichtung von Baumschulen, Prämierung guter

Obstbauern, Unterstützung der Bauern bei der Schädlingsbekämpfung, Erstellung von lokalen Gesellschaften mit Gemeinschaftseinrichtungen (Trocknungseinrichtungen, Obstpressen) und gemeinsame Sortenempfehlungen.

Einen sehr wichtigen Beitrag zur Entwicklung des Obstbaus haben auch die Obstbauvereine geleistet. Einige hatten sehr hohe Mitgliederzahlen und sogar eigene Wanderlehrer (Videm ob Ščavnici). 1883 wurde der Slowenische Imker- und Obstbauverein gegründet, der ab 1889 eine eigene Fachzeitschrift „Slowenischer Imker und Obstbauer" (Slovenski čebelar in sadjar) heraus gab.

Statistische Angaben über Flächen und Produktion:1848 umfasste die Obstbaufläche (ca. heutiges Slowenien) 16.334 ha und 1896 21.830 ha. Die durchschnittliche Jahresproduktion betrug 1904–1913 65.000 t Kernobst und 15.000 t Steinobst.

Obstbau zwischen 1919 und 1945

Nach dem ersten Weltkrieg ist der größere Teil des jetzigen slowenischen Gebiets an das Königreich von Serben, Kroaten und Slowenen (später Königreich Jugoslawien) gefallen und ein kleinerer Teil an Italien. Diese Teilung hat auch die Obstbauentwicklung geprägt. Der Obstbau im italienischen Teil hat sich schneller entwickelt – Pfirsiche, Kirschen und Marillen im Goerzer Gebiet und der Äpfel- und Birnenanbau im Voralpengebiet.

Die Zeit nach 1919 ist im Königreich Jugoslawien von Bemühungen um eine Verbesserung der Produktion geprägt. Es gab eine gemeinsame Sortenempfehlung für alle wichtigen Obstarten. Das Obst aus der „Dravska banovina" (damaliger Name für das heutige Slowenien) war für den Export bestimmt. Die Sortenempfehlung für Äpfel lautete: Kanadarenette, Boskoop, Ontario, Baumannsrenette, Danziger Kantapfel, Charlamovski, für Alleen Rheinischer Bohnapfel und Kronprinz Rudolf. Die Sortenempfehlung für Birnen: Williams, Gute Luise, Hardenponts Butterbirne, Bosc Flaschenbirne und Pastorenbirne.

Sehr stark haben sich auch die Baumschulen entwickelt. Die jährliche Produktion von drei- bis vierjährigen Jungbäumen lag bei 250.000 Stück. Die Ausbildung in slowenischer Sprache hat sich auch positiv auf den Fortschritt im Obstbau ausgewirkt. Der Staat begann mit direkter Hilfe für Neuanlagen – Pflanzmaterial und Zäune waren teilweise gratis.

Die Baumzahlen betrugen im Jahr 1934 in „Dravska banovina": Apfelbäume 2.235.000 Stück, Birnbäume 763.500, Pflaumenbäume 866.000, Walnussbäume 174.780, Marillenbäume 13.154, Pfirsichbäume 55.820, Kirschbäume 202.600. Der organisierte Verkauf von Obst nahm mehr und mehr zu. Obstanlagen waren aber weiterhin als Streuobstwiesen zu bezeichnen und wurden nur mäßig bewirtschaftet. Es überwog noch immer der Hochstamm mit dem Sämling als Unterlage. Die durchschnittliche Pflanzdichte lag bei 200 Bäumen pro Hektar. Gegen Ende der Dreißigerjahre erschien ein neuer Schädling, die Schildlaus, und machte größeren Schaden. Dadurch sanken die Produktion und der Export. Gleich danach begann der zweite Weltkrieg und machte noch viel schlimmeren Schaden – nicht nur im Obstbau.

Obstbau ab 1945

Bald nach dem zweiten Weltkrieg wurde Slowenien wieder vereint – Primorska (das Küstengebiet) war großteils wieder an Slowenien angeschlossen. Ein neuer Staat – Yugoslawien (FLRJ – Federativna ljudska republika Jugoslavija – Föderative Volksrepublik Jugoslawien) entstand. Die sozialistische Staatsordnung brachte viele Veränderungen in der Landwirtschaft und auch im Obstbau. Großbesitzungen wurden verstaatlicht, der Privatbesitz mit 10 ha begrenzt. Auf verstaatlichten Gründen entstanden staatliche Großbetriebe – auch mit Obstbau. Im Jahr 1948 wurden in der Republik Slowenien 18.970 ha Obstanlagen verzeichnet, im Jahr 1955 sogar 27.979 ha. 1955 wurden in Slowenien neue Plantagen gepflanzt, Nieder- und Mittelstämme sowie vegetative Unterlagen wurden eingeführt. Im Plantagenobstbau wurden auch Pflanzenschutzmittel eingesetzt, was einen sehr großen Einfluss auf die stärkere Vernachlässigung von Streuobstbau zur Folge hatte. Auch die Intensivierung der Viehzucht, mechanisiertes Mähen und Sammeln von Heu, hatte einen sehr negativen Einfluss auf Streuobstwiesen, die mehr und mehr in Vergessenheit gerieten.

Streuobstwiesen nach 1990

Nach der Unabhängigkeit Sloweniens im Jahr 1991 wurde das Interesse für die noch vorhandenen Streuobstwiesen wieder größer. Obwohl inzwischen die Aufgabe zu produzieren fast zur Gänze verschwunden ist, werden den Streuobstwiesen nun neue wichtige Aufgaben zugeordnet:

Sie prägen unsere Kulturlandschaft entscheidend.

Durch extensive Bewirtschaftung sind sie ein sehr wichtiges Refugium für viele Tiere und Pflanzen geworden.

Die noch immer erhaltene Vielfalt von Sorten bietet unschätzbare genetische Ressourcen für die Zukunft.

Laut Kataster sind in Slowenien im Jahr 1993 noch immer 36.000 ha Streuobstwiesen ausgewiesen. Eine genaue Untersuchung hat aber gezeigt, das nur noch 20 – 30 % davon wirklich als Obstanlagen zu bezeichnen sind und auch dort wird die potenzielle Pflanzdichte nur noch zu 30 – 40 % genutzt.

Für die Erhaltung und Wiederbelebung von Streuobstwiesen in Slowenien sind in den letzten Jahren mehrere Projekte ins Leben gerufen worden. Wir können nur hoffen, dass die gesetzten Initiativen noch rechtzeitig gekommen sind und dadurch ein wichtiger Teil unserer Geschichte und Kultur vor dem Verschwinden gerettet wird.

AUSBLICK AUF KROATIEN

Die alten Kernobstsorten werden in der Regel auf den Hofreiten im kontinentalen Teil Kroatiens gepflanzt. Die Unterlagen, auf denen diese alten Apfelsorten okuliert wurden, sind Sämlinge (seltener nur wenig üppige Unterlagen MM106 oder M9).

Alte Sorten werden in den Gebieten zwischen 100 bis 800 m Meereshöhe gezüchtet. Die Zahl der Setzlinge, die jährlich produziert werden, ist, abhängig von der Sorte sehr unterschiedlich; bei einigen Sorten kann man von ein paar tausend Setzlingen sprechen (Božićnica, Zlatna zimska parmenka, Bobovac, Mašanka), während bei anderen Sorten jährlich ein paar hundert bis zu tausend Setzlinge produziert werden (Siva jesenska, Orahovača, Krivopeteljka, Carević). Einzelne Sorten werden nicht gezielt vermehrt (Alvanija, Bijela zimska rebrača, Citronka, Tanjurača, Zelenika...), aber sie haben Mutterbäume und werden von Experten jährlich kontrolliert. Die Republik Kroatien war bis vor 15 Jahren gemeinsam mit der Republik Slowenien ein Teil Ex-Jugoslawiens, weshalb in beiden Ländern die gleichen Obstsorten (aber oft unter anderem Namen) zu finden sind. Analoges gilt für diese beiden Länder und Österreich, die in der österreichisch-ungarischen Monarchie zusammengehörten.

Genetische Analysen sind die einzige Möglichkeit, nachzuweisen, hinter welchem Namen sich dieselbe Sorte verbirgt.

Tab. 1 ***Alte Obstsorten in Kroatien***

Kroatisch	Deutsch	Kroatisch	Deutsch
Adamovka	Adamsapfel	Krivopeteljka	Krummstiel
Alvanija		Landsberger renetta	Landsberger Renette
Ananas reneta	Ananas Renette	Lederica	Lederapfel
Baumanova reneta	Baumans Renette	London pepping	London Pepping
Bijela repica-Bjelica-		Lonjon	
Belica	Klarapfel	Lujkova	
Bijela ružmarinka	Weißer Rosmarin	Ljepocvjetka	Belle Fleur
Bijela zimska rebrača		Ljetna kolačara	
Bijela zimska taferica	Weißer Wintertaffe-	Ljetna malinovača	Sommerhimbeerapfel
	tapfel	Ljubotinka	
Blenheimska reneta	Blenheim Renette	Malinovača	Himbeerapfel
Bobovec	Bohnapfel	Manska	
Bojkova	Boigenapfel	Mašanka	Maschanzker
Boskop	Boskoop	Mislimka	
Božićnica (Pogača,		Muškatnica	Muskatapfel
Crvena repica, Ba-		Oberdikova reneta	Oberdick Renette
rilec, Kotrjača)		Ontario	Ontarioapfel
Carević rudolf	Kronprinz Rudolf	Orahovačka	
Carica	Kaiserin	Ovčiji nos	Schafnase
Ciganka	Zigeunerin	Petrovača	
Citronka(Limunka)	Zitronenapfel	Pozlatka	
Cox Orange	Cox Orange	Punika	
Croceška		Rajska	
Crvena jesenska		Ramburka	Winterrambour
rebrača		Ružica crvena	Roter Rosenapfel
Crvena mladenačka	Roter Jungfernapfel	Scheiman	
Crveni Boskop	Rote Boskoop	Senabija	
Crvenka		Siva francuska koža-	Graue Französische
Danciška rebrača	Danziger Kantapfel	ra	Renette
Djevojačka crvena	Roter Mädchenapfel	Siva jesenska kožara	Graue Herbstrenette
Dobrić		Slava svijeta	Gloria mundi
Dolonjska voštenka		Slavonska srčika	Slawonischer Fürs-
Domaćica	Hausmütterchen		tenapfel
Dugopeteljac crveni	Roter Langstiel	Starkrimson	
Genwurzkenapfel	Gewürzapfel	Stožerka(Plamnati	
Granams jubile	Grahams Jubiläums-	kardinal)	Geflammter Kardinal
	apfel	Šampanjka	Champagnerrenette
Grafensteiner	Gravensteiner	Šumatovka	
Harbertova reneta	Herberts Renette	Zelenika	
Ilinjača		Zlatna zimska par-	
Kanada		men	Goldparmäne
Kanadska reneta	Kanada Renette	Zlatorumenka	
Kaselska reneta	Kasseler Renette	Zveketuša	
Kratkopeteljac crveni	Roter Kurzstiel		

KÄRNTEN

Die Zeit bis zum 1. Weltkrieg

Obstbau in Kärnten, im südlichsten Bundesland Österreichs, wurde erstmals 990 n. Chr. urkundlich erwähnt. Es ging dabei um Obstgärten bei St. Andrä im Lavanttal, dem damaligen Sitz der Bischöfe von Lavant (seit 1859 in Marburg).

Ende des 18. Jahrhunderts war es die Kärntner Ackerbaugesellschaft, die den Obstbau förderte. Große Obstanlagen wurden besonders im Lavanttal ausgepflanzt. Wolfsberg, die heutige Bezirkshauptstadt, gehörte zum Bistum Bamberg und war der Sitz des Vizedoms. Das Baummaterial wurde wagenweise aus Franken gebracht. Da das für viele Bauern zu kostspielig war, tauschten sie Edelreismaterial aus.

Nach der Niederlage im 5. Koalitionskrieg 1809 übernahm in Kärnten die Landwirtschaftsgesellschaft unter Fürsterzbischof GEORG MAYR und MATHIAS ACHATZEL die Rolle, die im Nachbarbundesland der „steirische Prinz" innehatte. Baumschulen wurden an den Schulen errichtet, Obstbaukurse abgehalten, Edelreiser kostenlos abgegeben, kurz, es wurde der Grundstein für eine den Zeiterfordernissen angepasste Obstbauförderung gelegt.

Besondere Förderer im Lavanttal waren JOHANN SÖLLNER, der auf seinem Gut in Wiesenau eine Baumschule betrieb, ALBIN FREIHERR VON HERBERT, Direktor der Bleiweiß- und Grünspanfabrik in Wolfsberg und die Prälaten P. AUGUSTIN DUDA und P. FERDINAND STEINRINGER vom Benediktinerstift St. Paul.

1820 schrieb der Justitiär JOHANN TAURER, Ritter von Gallenstein, der Verfasser des Kärntner Heimatliedes, über Obst als Teil des bäuerlichen Lebens bei Kindertaufen, Hochzeiten und Begräbnissen und als hochwertiges Nahrungsmittel und als Delikatesse. Um 1850 war die Blütezeit der Landwirtschaft und des Obstbaues in Kärnten. Dies galt in besonderem Maße auch für das Lavanttal: „Die Ausbeute beträgt in guten Jahren 70.000 niederösterreichische Eimer Most (d.s.ca. 40.000 Hektoliter). Einen bedeutenden Überschuss geben die Herrschaften in die freiherrlich von Herbert´sche Bleiweiß und Grünspanfabrik". Ein weiterer Teil ging in die „Leopold Zanger´sche Branntweinbrennerei" und „noch mehr nach Oberkärnten und Obersteiermark".

Im Land befanden sich gut geführte Baumschulen. 1873 wurde von der k.k. Landwirtschaftsgesellschaft eine Landesbaumschule eingerichtet. Obstausstellungen wurden veranstaltet, die erste Landesernteübersicht wurde erstellt und der „Kärntner Obstbauverein" gegründet.

1873 – 1877 erstellte die Kärntner Handelskammer erstmals Erntestatistiken. Obst wurde mit der Eisenbahn verfrachtet, aus dem Lavanttal auch mit Schiffen auf der Drau, bis nach Ungarn.

1885 wurde das so genannte „Normalsortiment" festgelegt.

1890 fand die erste Obstausstellung in Wolfsberg statt, an der 123 Aussteller teilnahmen. Bei der zweiten im Jahre 1900 zeigten 136 Aussteller 1.765 Proben.

HANS ZERNATTO, der bekannteste Pomologe Kärntens begann seine Tätigkeit 1892 mit der Auspflanzung einer Musterobstanlage am elterlichen Betrieb in Treffen. Zahlreiche weitere, darunter eine auf der Gerlitzen in 1100 Metern Seehöhe mit 1.500 Bäumen, sollten folgen. ZERNATTO züchtete die Apfelsorten Treffener- und Pomona-Tafelapfel.

Mit ihm in engem Kontakt stand CARL AUER VON WELSBACH. 1904 errichtete dieser auf Gut Rastenfeld (750 m) einen großen Obstgarten, der noch heute besteht. Er befasste sich auch mit Sortenzüchtung („Auer-Apfel"), Anbau und Verarbeitung.

1908 wurde im Lavanttal eine Obstverwertungsgenossenschaft gegründet. Pressobst wurde bis nach Südengland (Cider) und Deutschland (Stuttgart, Frankfurt a. Main) exportiert, Tafelobst ging hauptsächlich nach Wien und Deutschland.

1914 – 1945

Der erste Weltkrieg brachte für die Landwirtschaft große Probleme. In den Zwanzigerjahren verfielen die Preise bei landwirtschaftlichen Produkten, nicht jedoch bei Obst.

Der Landeskulturrat setzte Obstbauförderungsmaßnahmen. Er errichtete in Siebenhügel bei Klagenfurt eine Versuchsanlage für Obst- und Gartenbau mit Baumschule, ein Kurslokal mit Kellerräumen für die Mostbauern und eine Vermittlungsstelle für den Obstverkauf.

Dem strengen Winter 1928/29 fielen 400.000 Obstbäume zum Opfer.

In den Dreißigerjahren stehen in Kärnten noch 3 Millionen Obstbäume: Davon die Hälfte Äpfel, ein Viertel Birnen und ein Viertel Stein- und Schalenobst. Vom Kernobst waren zwei Drittel Tafel- und ein Drittel Mostobstsorten.

Als gute Kärntner Apfelsorten wurden damals genannt:

Weißer Klarapfel, Gravensteiner, Grahams Jubiläumsapfel, Himbeerapfel, Baumanns Renette, Geflammter Kardinal, Landsberger Renette, Canada Renette, Schöner von Boskoop, gelber Bellefleur, Lavanttaler Bananenapfel (Abb. 3.4), Großer Bohnapfel

und als gute Birnensorten:

Roberts Muskateller, Williams Christbirne, Gute Graue, Clairgeaus Butterbirne, Präsident Drouard, Lelectier und die Kärntner Speckbirne (Abb. 3.5).

1932 wurde der Landeskulturrat von der Landwirtschaftskammer abgelöst.

1938 trat der Reichsnährstand auf den Plan: Reichseinheitsvorschriften, eine nährständische Marktordnung und die Handelsobstsorten wurden festgelegt.

Nach dem 2. Weltkrieg

Nach dem zweiten Weltkrieg galt es die Ernährung zu sichern. Im Auftrag der Landwirtschaftskammer betrieb Friedrich Wiesenhofer auf einem Pachtgrund in Ettendorf bei Lavamünd eine Baumschule und konnte 1950 bereits 10.000 Obstbäume abgeben.

1948 wurde das Kärntner Landessortiment festgelegt. In den Jahren danach wurden Umveredelungsaktionen gestartet, die Obstbauvereine wieder belebt und Obstsortenschauen veranstaltet. Die „Liefer- und Fördergemeinschaft Lavanttal" wurde in die „Edelobstgenossenschaft Lavanttal" umgewandelt.

1952 gilt als das Geburtsjahr der Obstbauversuchsanlage St. Andrä der Kammer für Land- und Forstwirtschaft in Kärnten (Abb. 3.6). Ziel dieses erfolgversprechenden Schrittes war die Hebung der Obstbaukultur in Kärnten.

1953 fand die Gründung des Landesobstbauverbandes Kärnten statt.

1957 wurde ein Bundes- und Gebietssortiment ausgearbeitet und bei der Bundesobstbautagung 1958 in Klagenfurt als Leitlinie für die Obstkultur in Österreich einer breiten Öffentlichkeit vorgestellt.

Nationale und internationale Kontakte, besonders durch den Leiter der Obstbauabteilung der Landwirtschaftskammer Dipl. Ing. Dr. Karl Klein, ließen die Bedeutung der Obstbauversuchsanlage St. Andrä rasch zunehmen. Wesentliche Impulse gingen von ihr für Kärnten und darüber hinaus aus. Mit Friedrich Wiesenhofer als Leiter erwarb sie sich rasch Anerkennung bis in die höchsten Fachkreise. Richtungweisend

Abb. 3.4 *Lavanttaler Bananenapfel*

Abb. 3.5 *Mostbirne*

waren in den ersten Jahren ihres Bestehens die Süßmosterzeugung sowie der Anbau von Kulturheidelbeeren, Holunder und Ribiseln.

In den Sechzigerjahren wurden zahlreiche Kernobstanlagen in Heckenform auf mittelstarker Veredlungsunterlage errichtet.

1972 wurde Ing. HERBERT GARTNER zum Leiter der Versuchsanlage (Abb. 3.6) bestellt.

Während der nächsten Jahre wurden zahlreiche Obstsorten, Schnitt- und Erziehungssysteme geprüft, Apfeldichtpflanzungen errichtet und Versuche mit Steinobst angelegt.

Neben Anbaufragen im Intensivobstbau wurde die Bäuerliche Obstverarbeitung und mit ihr die Erhaltung alter Obstbaumbestände und alter Obstsorten, der sog. „Streuobstbau" ein wesentlicher Beratungsschwerpunkt.

Ab Ende der Siebzigerjahre wurden in Kärnten Mostgemeinschaften gegründet, der Landesobstbauverband wurde zu deren Dachverband. Landesweite und regionale Bewertungen von Obstverarbeitungsprodukten fanden statt. Die Kurstätigkeit wurde ausgeweitet, die Ausbildung zum Baum- und Kellerwart eingeführt und das „Mostlabor" in St. Andrä als Qualitätssicherungsstelle geschaffen.

Kulturlandschaftsprogramme nehmen sich des großkronigen, höherstämmigen Obstbaumes in besonderer Weise an. Themenwanderwege, Mostbuschenschänken, kulinarische, touristische und viele andere Aktivitäten haben die Streuobstbestände als Grundlage. Auch der Naturschutz betont die Wichtigkeit der vom Obstbaum bestimmten Kulturlandschaft.

Alte Obstsorten werden als wertvolles Genmaterial gesammelt, bestimmt und erhalten. Nach Möglichkeiten ihrer sinnvollen Nutzung wird gesucht.

Autoren: H. KEPPEL, P. ZADRAVEC, A. BISKO, H. GARTNER

4 – DIE STREUOBSTBESTÄNDE

Streuobstbestände als Elemente der Kulturlandschaft

Streuobstbestände spielen in der Kulturlandschaft des südöstlichen Alpenrandes eine bedeutende Rolle. Während in tieferen und mittleren Höhenlagen die bäuerlichen Siedlungen durch Gruppen von zumeist hochstämmigen Obstbäumen gegliedert und umrahmt werden, wechseln in den Hausgärten der Wohnsiedlungen Obstbäume mit Ziergehölzen, Waldbäumen und fremdländischen Elementen ab. Die Zahl der Streuobstbestände abseits der Bauernhöfe, wie Obstbaumzeilen entlang von Straßen und Wegen, auf Böschungen und sonstigen Rainen oder an Grundstückgrenzen sind vielerorts fast verschwunden oder stark bedroht. In den letzten Jahrzehnten waren Streuobstbestände von mehreren einschneidenden Veränderungen in der Landschaftsentwicklung und im Lebensstil der ländlichen Bevölkerung nachteilig betroffen: Ab den späten Fünfzigerjahren, mit Beginn der allgemeinen Motorisierung, verloren die Obstbaumalleen, welche nicht nur Feldwege sondern auch höherrangige Verkehrsverbindungen begleiteten, ihre Bedeutung als Schattenspender für Mensch und Tier und wurden kurzfristig zu Verkehrshindernissen degradiert. Gleichzeitig sank die Zahl der in der Land- und Forstwirtschaft tätigen Arbeitskräfte und der Kinder in bäuerlichen Familien rasch, sodass Kulturen mit höherem Arbeitsaufwand benachteiligt waren. Größere Mengen von Haustrunk wurden nicht mehr benötigt aber auch das Schnapsbrennen und die Gewinnung von Marmelade und Dörrobst traten in den Hintergrund. Die Möglichkeit großflächiger Geländekorrekturen, oftmals verbunden mit Tiefdrainagen zur Hangstabilisierung trug dazu bei, dass alte Streuobstbestände von Ackerflächen verdrängt wurden. Erst zu Beginn der Neunzigerjahre besann man sich des besonderen Wertes der Streuobstbestände. Als wesentliche Elemente einer attraktiven Kulturlandschaft, als wertvolle Objekte aus der Sicht des Biotop- und Artenschutzes und als Träger wertvoller genetischer Ressourcen sind sie nunmehr allgemein anerkannt und wurden Gegenstand vielfältiger finanzieller Förderung.

Was sind Streuobstwiesen?

Streuobstwiesen sind hochstämmige Obstbaumbestände auf Dauergrünland, wobei die Bäume in der Regel in Abständen von 5 bis 12 m gepflanzt wurden. Sie können sowohl regelmäßig als auch zerstreut gepflanzt sein und setzen sich oft aus mehreren Sorten zusammen. Die Bäume und die Wiesen werden ebenso durch extensive Bewirtschaftungsformen charakterisiert. Das bedeutet im Fall der Bäume Verzicht auf Pestizide und im Fall der Wiese höchstens geringe Wirtschaftsdüngergaben und ein- bis zweimalige Mahd. Streuobstbestände werden vielerorts auch noch beweidet. Extensiv bewirtschaftete Streuobstwiesen sind durch ausgeglichenere Mikroklimate gekennzeichnet (höhere Beschattungs- und Feuchtigkeitsgrade). Unter Streuobstbeständen findet man die für mäßig feuchte bis mäßig trockene Gründlandstandorte spezifischen Wiesentypen, zumeist aus der Ordnung *Arrhentheretalia* R. Tx. 1931, seltener aus der Ordnung der Halbtrockenrasen, wobei es sich dann meist um eher ausgehagerte Ausbildungen handelt, die als Nahrungs- und Fortpflanzungshabitate z.B. für Schmetterlinge von essentieller Bedeutung sind. In Streuobstbeständen sollte jeweils ein Drittel der Bäume auf die Altersklassen 1 bis 7, 8 bis 20 und 21 bis 60 Jahre entfallen. Nur diese ausgeglichene Altersklassenzusammensetzung sorgt für einen dauerhaften und ökologisch hochwertigen Streuobstwiesenbestand.

Funktionen der Streuobstwiesen

- Sie bieten Lebensraum für viele, u.a. gefährdete, Tier- und Pflanzenarten.
- Sie tragen zur Erhaltung alter an das Lokalklima angepasster Obstsorten bei.
- Sie dienen als Elemente zur Hangsicherung und zum Wasserrückhalt.
- Sie stellen mikroklimatische Ausgleichsareale vor allem im Bereich von intensiv bewirtschafteten Kulturen dar.
- Sie sind Vermehrungshabitate für Nützlinge.
- Sie dienen dem Wild als Futterquellen.
- Sie sind wesentliche Bestandteile der Biotopverbundsysteme.

Lebensraum Streuobstwiese

Streuobstwiesen mit einer ausgeglichenen Altersstruktur weisen auch Bäume auf, deren Stämme bzw. Äste schon anmorsch sind und wiederum tierischen Lebewesen als Unterschlupf zur Verfügung stehen. Holzbewohnende Insektenarten können diese für sie lebensnotwendigen Strukturteile (Totholz) nutzen. Von Tieren erzeugte Höhlungen von Obstbäumen bieten Quartiere für Höhlenbrüter (Vögel, z.B. Spechtarten), für die wenigen in Europa vorkommenden Schläferarten und sogar für Fledermäuse. Viele einst weit verbreitete Arten sind heute in den Roten Listen (Verzeichnisse ausgestorbener und gefährdeter Arten) vermerkt. Mehr als 50 Singvogelarten gelten als typische Bewohner von Streuobstbeständen – viele davon nehmen in ihrem Bestand ab, da sie keine geeigneten Ersatzlebensräume mehr vorfinden. So bauen zahlreiche Vögel ihre Nester erst ab einer gewissen Höhe und sie benötigen einen Verbund an extensiv genutzten Biotopen mit ganz bestimmten Struktureigenheiten zum Überleben. Die tierische und pflanzliche Artenvielfalt wird durch den Strukturreichtum erreicht, welcher vor allem in der unterschiedlichen Altersgruppenschichtung begründet liegt, wobei die räumliche Durchmischung und die Höhenschichten den besonderen ökologischen Wert ausmachen. Daher sollten in intakten Beständen auch alte, anmorsche und hohle Bäume ihre Berechtigung haben. Sie sorgen für eine weitere Belebung des Obstgartens, was wiederum dessen ökologischer Ausgewogenheit dient.

Untersuchungen ergaben, dass in einem Obstbaum mindestens 320 verschiedene Tierarten und dazu etliche Algen, Moose, Pilze und Flechten vorzufinden sind. Werden die Tiere und Pflanzen der umgebenden Wiese dazugerechnet, erhält man eine Gesamtartenzahl von mehreren tausend Arten. Die Einheit Bäume – Wiese repräsentiert einen äußerst artenreichen Lebensraumkomplex. In ihm dominieren Spinnentiere und Insekten das Geschehen. Dabei sind vor allem Weberknechte, Ohrwürmer, Fliegen, Käfer, Blattläuse, Wanzen, Hautflügler und Schmetterlinge augenscheinlich. Viele dieser Tiere sind Pflanzensaftsauger (Wanzen, Blattläuse), Pollen und Nektarkonsumenten (Bienen, Schmetterlinge), Räuber (Weberknechte, Käfer, Netzflügler), Parasiten (Schlupf- und Erzwespen) etc. Das auf wenige Eingriffe beschränkte Zulassen von natürlichen Regelmechanismen hält einen Streuobstwiesenbestand vital. Das zeigt auch der Vergleich der Artendiversität zwischen Streuobstbeständen und Erwerbsobstanlagen. Letztere zeigen weder den Strukturreichtum, die Artenfülle, noch die möglichen Regelmechanismen von Streuobstbeständen und dass in solchen mit höherem Energieeinsatz zu wirtschaften ist, liegt an der Kulturform selbst.

Kulturapfel und Kulturbirne

Ihrer Bedeutung als wichtigste Obstarten entsprechend werden der Kulturapfel und die Kulturbirne bis fast an die Grenzen des Dauersiedlungsraumes kultiviert. Nur bei den jeweils höchstgelegenen dauerbewohnten Höfen oder in Siedlungsvorposten wie

Abb. 4.1 *Luftaufnahme Streuobst: Plantage*

Abb. 4.2 *Streuobstwiese*

Abb. 4.3 *Hangsicherung*

Abb. 4.4 *Hangrutschungsgelände*

Abb. 4.5 *Alter Apfelbaum als Relikt*

Abb. 4.6 *Obstbäume als Schattenspender*

Abb. 4.7 *Birnenallee*

Abb. 4.8 *Hohler Baum als Nistplatz*

Abb. 4.9 *Bienen im Streuobstbestand*

Abb. 4.10 *Alter Apfelbaum im Haus- und Hofbereich*

Abb. 4.11 *Äpfel als Genussmittel*

Abb. 4.12 *Streuobstfrüchte als Erwerb*

Glashütten im Koralpengebiet (Steiermark) fehlen ältere größere Obstbäume. Im Unterschied zum Wildobst erwartet man von den Kulturpflanzen einen einigermaßen regelmäßigen Ertrag bei ausreichender Qualität. Obwohl neben diesen Kriterien bei der Auswahl der Sortenzusammensetzung auch auf die klimatischen Besonderheiten des vorgesehenen Standortes Rücksicht genommen wird, muss man Jahr für Jahr mit Mindererträgen durch Fröste während der Blütezeit und Hagel aber auch Dürre rechnen. Bei der Aufsammlung alter Sorten für die Genbank (vgl. Kap. 8) wird daher versucht, möglichst viele an lokal klimatische Besonderheiten angepasste Typen zu erfassen.

Diese findet man vor allem in höheren Lagen, wo die Vegetationszeit gegenüber den wärmeren Landesteilen bereits deutlich verkürzt ist. In jenen Lagen, wo die Blüte der Äpfel- und Birnbäume im Regelfall vor Mitte Mai erfolgt, kann man erwarten, dass auch anspruchsvollere Kernobstsorten ausreifen. Bei späterer Blütezeit bestehen bei der Auswahl der Sorten und bei der Standortwahl bereits Einschränkungen. Die Tabelle über phänologische Beobachtungen (Tab. 1) stellt nur eine Orientierungshilfe dar. Lokale Gunstlagen, etwa solche die vor Wind- und Kaltluft geschützt und gut besonnt sind, können auf diese Weise nicht erfasst werden.

Tab. 1 ***Mittelwerte phänologischer Daten am Beispiel Steiermark (nach Koch 2002)***

Ort	Seehöhe Richtwert m	Birne Blühbeginn	Apfel Blühbeginn	Apfel (mittel) Fruchtreife	Apfel (spät) Fruchtreife	Apfel Laubfall
1	317	26.IV	30. IV		12. X	29. X
2	360	18.IV	22. IV	15. IX		5.XI
3	480	27.IV				25. X
4	660	7. V	10. V	6. X		28. X
5	670	18. V	21. V		12. X	19. X
6	700		9. V	17. IX		5.XI

1 = Bad Gleichenberg; 2 = Graz; 3 = Weiz; 4 = Stainach im Ennstal; 5 = Mürzzuschlag; 6 = Dürnstein in Steiermark

Obstbaumkulturen findet man über fast allen geologischen Substraten. Ausgenommen sind junge Alluvionen und vernässte Bereiche auf ausgedehnten Terrassen mit extrem schweren Lehmdecken. Weiters sind Obstbaumkulturen auf nahezu allen in tieferen und mittleren Lagen vorkommende Bodentypen anzutreffen. Nicht nur in den Hügelgebieten des Vorlandes sondern auch in den gebirgigen Landesteilen sind die Hänge und Böschungen mit Streuobstbeständen oftmals rutschgefährdet, sodass den Bäumen eine stabilisierende Funktion zukommt.

Holzapfel und Holzbirne

In vielen Fällen sind in Streuobstanlagen die Unterlagen Holzapfel und Holzbirne durchgewachsen. Aber es werden Holzäpfel und Holzbirnen auch sonst angepflanzt, da einerseits die Früchte der Gerbstoffe wegen für Mosterzeugung (siehe Kap. 9) andererseits für die Holzverwertung (siehe Kap. 13) benötigt werden.

Die heimischen Wildformen der Gattung *Malus* (Apfel) und *Pyrus* (Birne) werden gemeinhin unter der Bezeichnung Holzapfel und Holzbirne zusammengefasst. Man findet sie wild – meist einzeln oder in wenigen Exemplaren in Laub- oder Mischwäldern in Tieflagen bis in die Bergstufe. Holzäpfel sind offenbar anspruchsvoller als Holzbirnen und fehlen in Gebieten mit ausschließlich sauren Böden. In der Exkursionsflora von Österreich (ADLER, OSWALD, FISCHER 1994) werden für die Steiermark neben der Holzbirne *Pyrus pyraster*, die Schnee- oder Lederbirne *Pyrus nivalis* und der österreichische Birnbaum *Pyrus austriaca* angegeben. Neben dem Holzapfel *Malus sylvestris* sind aus der Steiermark auch Belege des Filzapfels (*Malus dasyphylla*) bekannt.

Streuobstwiesen in der Steiermark

Die hier vorgestellten Daten beziehen sich auf Forschungsarbeiten aus dem Institut für Pflanzenwissenschaften der Universität Graz und dem Landesversuchszentrum Steiermark, Versuchsstation für Obst- und Weinbau Haidegg. Ohne elektronische Medien wäre es unmöglich, die großen Datenmengen zu bearbeiten und mit anderen Parametern wie Klima, Boden, Niederschlag usw. zu verknüpfen. Die Darstellung bezieht sich auf die Steiermark, da nur hier eine genügend große Informationsdichte auch in elektronischer Form zur Verwendung im geografischen Informationssystem (GIS) vorliegt.

In Abb. 4.13 sind die potenziellen Streuobstgebiete der Steiermark, wie sie aus verschiedenen Erhebungen hervorgegangen sind, dargestellt. Dabei handelt es sich hier nur um einen Überblick, da es einerseits nicht möglich ist, jede Streuobstwiese in der Steiermark tatsächlich zu erheben, andererseits können Bewirtschaftungsformen oder Besiedelung ein mögliches Vorkommen von Streuobstwiesen überdecken.

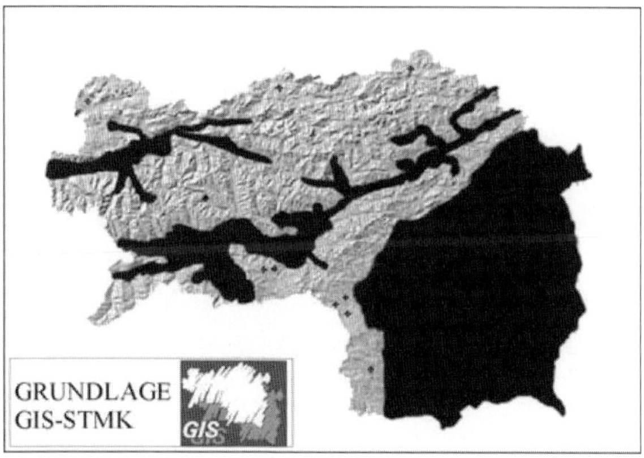

Abb. 4.13 *Potenzielle Streuobstgebiete der Steiermark*

Die Karte zeigt, dass die größten Teile der potenziellen Streuobstgebiete in der Süd-, Ost- und Weststeiermark liegen. Das milde Klima mit ausreichenden Niederschlägen, die langen Vegetationsperioden und die tiefgründigen Böden dieser Regionen bieten für den Streuobstanbau optimale Kulturbedingungen. Weitere Anbaugebiete von Streuobst befinden sich in den drei großen Flusstälern der Obersteiermark, sowie in zahlreichen Seitentälern (Abb. 4.13).

Dabei befinden sich die Streuobstwiesen nicht nur im Bereich des Talbodens, wo gerade im alpinen Bereich mit großer Frostgefahr bei Inversionen zu rechnen ist, sondern steigen insbesondere auf Südhängen bis über 1100 m Seehöhe. In besonderen

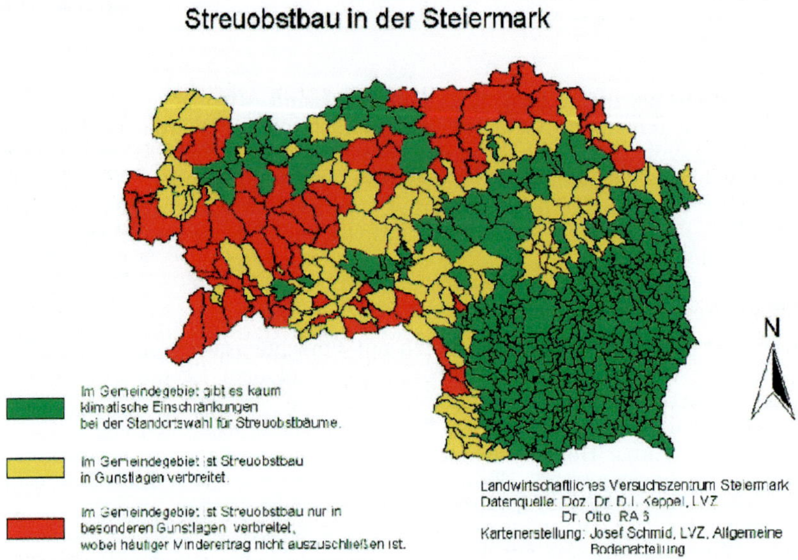

Abb. 4.14 *Klimatische Eignung für den Streuobstbau in der Steiermark. Ergänzende Klimadaten sind* HARLFINGER *2002 zu entnehmen*

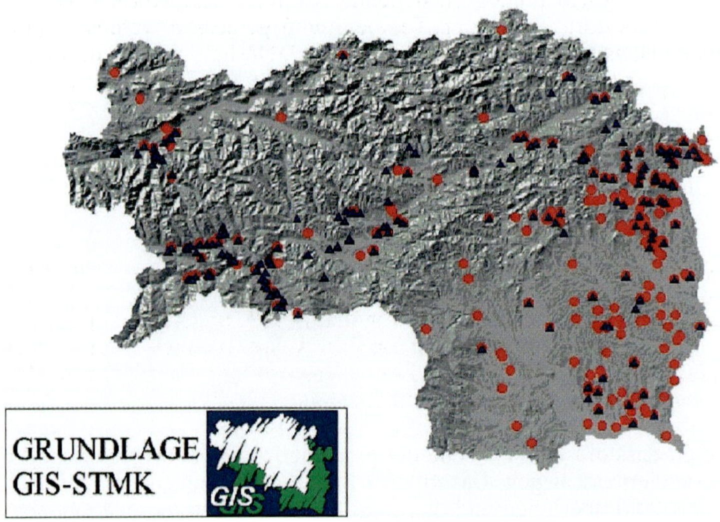

Abb. 4.15 *Verbreitungskarte von Kronprinz Rudolf (rot) und Gravensteiner (blau) in der Steiermark*

Gunstlagen sind wiederholt Vorkommen über 1200 m (allerdings mit beschränkter Artenanzahl) auffindbar. Die mit * gekennzeichneten Punkte auf der Karte (Abb. 4.13) sind Beispiele für Gunstlagen, die in klimatisch rauen, gebirgigen Regionen der Steiermark noch zufrieden stellende Erträge liefern können. Es handelt sich hierbei um Refugien mit ausgeprägter Wärmebildung und damit verbundener Verlängerung der Vegetationsperiode, die den Obstbau in diesem Gebiet ermöglicht. In der klimatisch begünstigten Süd-, Ost- und Weststeiermark würde man fast überall einen Streuobstbestand erwarten. Es sind aber gerade diese Gebiete der Steiermark, die den größten Anteil an Intensivobstanbauflächen aufweisen. Auch Weinanbau und intensiver Ackerbau stehen in direkter Konkurrenz mit der traditionellen Wirtschaftsform der Streuobstwiesen, weshalb diese hier zum Teil großflächig fehlen. Großräumig gesehen sind die Böden für den Streuobstbau steiermarkweit geeignet und die Niederschläge ausreichend. Eine klimatische Verknüpfung von Klima und möglichem Obstbau zeigt Abb. 4.14.

Streuobstbau und Klima

Auf die bisherigen, allgemein gehaltenen Aussagen über die klimatischen Bedingungen für den Streuobstbau soll nun genauer eingegangen werden, wobei auf eine Zusammenstellung von Klimadaten für den Zeitraum 1961 – 90 zurückgegriffen wird, die von HARLFINGER & al. 2002 erstellt wurde und größtenteils aus der Tab. 2 ersichtlich ist. Besonders bedeutsam für den Obstbau sind die bereits erwähnten Inversionen, welche für die Tal- und Beckenlagen des gesamten betrachteten Raumes charakteristisch sind. Das Klimaphänomen der Inversion (Temperaturumkehr), bezeichnet die Vorgänge, die zur Bildung von Kaltluftseen in den Niederungen führen: Die durch Abstrahlung in den Nachtstunden entstehende Kaltluft fließt von den Hängen zum Talboden ab, sodass dort die tiefsten Temperaturen gemessen werden, während die höher gelegenen Hangpartien wärmebegünstigt sind. Deshalb werden dort auch weniger Frosttage gezählt (Beispiel Laßnitzhöhe – Gleisdorf, 97:131 Frosttage). In den Wintermonaten können die Kaltluftseen mehrere hundert Meter Mächtigkeit erreichen und oft wochenlang bestehen bleiben. In der Mehrzahl der Fälle, besonders aber in den Übergangszeiten sind sie hingegen seichter und lösen sich tagsüber meist soweit auf, dass um die Mittagszeit die übliche Temperaturabnahme mit der Höhe herrscht.

Am besten erkennt man das Vorhandensein und das Ausmaß der Inversionen durch Vergleiche zwischen den Tal- und nahe gelegenen Hangstationen (Wetterbeobachtung) aber auch durch Gegenüberstellung von Vergleichswerten der Stationen in annähernd gleicher Seehöhe.

So sind die Jännertemperaturen der drei in der Tabelle angeführten Talstationen im Ennstal im Vergleich zu jenen der Talstation Bad Aussee deutlich tiefer, während sich die Temperaturwerte in der Vegetationszeit nur geringfügig unterscheiden. Die Inversionen im Ennstal sind auch wesentlich kräftiger und stabiler als im besser durchlüfteten Ausseerland. Die Beispiele aus der Region Nördliche Kalkalpen zeigen zwar günstigere Jännermittel als die Stationen im Ennstal, die Sommertemperaturen sind im landesweiten Vergleich jedoch eher gedämpft. In der Region Oberes Murtal fällt die für die Niederungen des Aichfeldes repräsentative Station Zeltweg durch das extreme Jännermittel von –5,4 °C auf, in den schmäleren Abschnitten des Murtales sind die Verhältnisse aber nicht so extrem – der Vergleichswert für die 485 m hoch gelegene Station Bruck beträgt nur –2,5 °C. Bemerkenswert günstiger als im Ennstal ist in Zeltweg die mittlere 14 Uhr-Temperatur für den Zeitraum April bis August. Auch im Bereich der Illyrischen Klimaregion, also im Vorland, sind die ausgewählten Talstationen Gleisdorf, Graz Flugplatz und Fürstenfeld gegenüber Stationen auf den

Riedeln wie Laßnitzhöhe und Wörtherberg sowohl hinsichtlich der Jänner- und Jahresmittel als auch insbesondere wegen der deutlich höheren Zahl an Frosttagen benachteiligt.

Tab. 2 ***Klimadaten 1961-1990 nach Harlfinger & al. 2002***

Station	Seehöhe	Jahresmittel-temp. °C	14.00 Uhr Temp. (V–VIII)	Juli Temp.	Jänner Temp.	Frosttage
Region Ausseerland						
Bad Aussee	640	7,5	17,6	16,6	–2,8	130
Region Oberes/Mittleres Ennstal						
Admont	645	6,5	17,8	16,1	–4,8	136
Aigen	640	6,7	17,8	16,4	–4,5	142
Radstadt	890	5,7	17,1	15,4	–5,0	162
Region Nördliche Kalkalpen						
Mariazell	898	6,4	15,5	15,2	–2,6	140
Aflenz	784	6,4	16,8	15,7	–3,8	150
Mürzzuschlag	755	6,3	17,0	15,7	–4,1	149
Region Oberes Murtal						
Stolzalpe	1305	5,6	14,4	14,4	–3,2	151
Zeltweg	677	6,7	18,2	16,7	–5,4	151
Illyrische Klimaregion						
Laßnitzhöhe	543	9,0	18,6	18,4	–1,6	97
Gleisdorf	380	8,5	19,7	18,2	–2,7	131
Graz-Flugplatz	342	8,5	19,9	18,7	–3,2	128
Wörtherberg	402	9,3	19,2	18,9	–1,6	100
Fürstenfeld	276	9,1	20,2	19,0	–2,3	101
Region Lavanttal						
St.Andrä	468	7,8	19,7	18,0	–4,3	126

Die Verbindung zu den Obstbaugebieten im Lavanttal soll die Station St. Andrä herstellen, die zwar ein sehr ungünstiges Jännermittel, aber günstigere Verhältnisse während der Vegetationszeit aufweist.

Die mittlere Jahresniederschlagssumme liegt im betrachteten Gebiet in der Spanne zwischen 747 mm bei der Station Fürstenfeld und 1481 mm bei der Station Bad Aussee; im Mittel sind die Niederschläge also ausreichend.

Beispiele zur Verbreitung von Apfel- und Birnensorten

Viele alte Apfelsorten sind weit verbreitet und man findet sie in der ganzen Steiermark aber auch in den angrenzenden Gebieten. Solche Sorten können als „Generalisten“ bezeichnet werden.

Die Sorte Kronprinz Rudolf ist aufgrund ihrer Reifezeit in allen Regionen der Steiermark sowohl für den Frischverzehr zur Pflückreife, als auch für eine 3 bis 4 monatige Lagerung geeignet. Die Sorte Gravensteiner jedoch, die in den südlichen Landesteilen als schmackhafte, saftige Sommersorte sehr geschätzt wird, findet in den Gebirgsregionen, mit einer bis zu 4 Wochen späteren Reifezeit nur noch als Lager- und Mostapfel Verwendung. Beides sind Sorten mit einer gewissen Frostunempfindlichkeit, die sie auch für den Anbau in mittleren und höheren Lagen geeignet machen. Im Standortvergleich ist ein Trend, die Sorte Gravensteiner in höheren und die Sorte Kronprinz Rudolf in tieferen Lagen stärker zu kultivieren, festzustellen (Abb. 4.15).

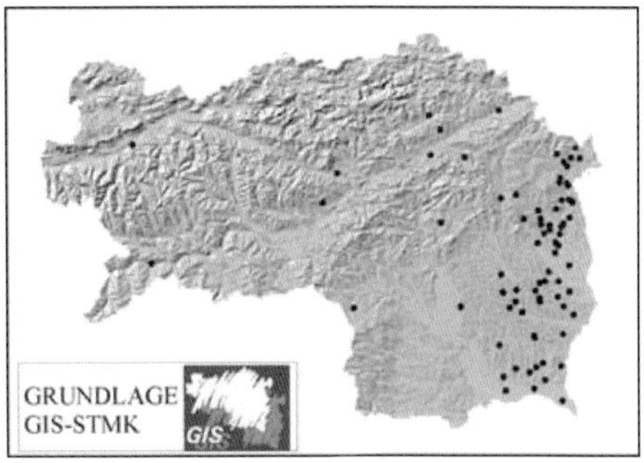

Abb. 4.16 *Verbreitungskarte Ilzer Rosenapfel*

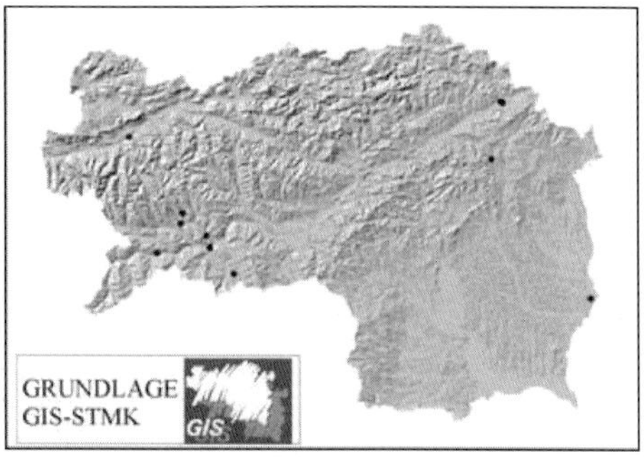

Abb. 4.17 *Verbreitungskarte Roter Herbstkalvill*

Abb. 4.18 *Verbreitungskarte von Lehmbirne (schwarz) und Hirschbirne (grau)*

Den zahlreichen Generalisten steht eine kleine Gruppe von Spezialisten gegenüber, die aus verschiedensten Gründen nur in geografisch begrenzten Gebieten der Steiermark heimisch sind. So findet man z.B. die Sorte Ilzer Rosenapfel verstärkt in der Ost- und Südsteiermark und nur sehr vereinzelt in der Obersteiermark. Dies hängt einerseits mit der späteren Reifezeit zusammen, hauptsächlich aber damit, dass diese Sorte in der Oststeiermark ihren Ursprung hat.

Der Rote Herbstkalvill, wegen seines Geschmackes auch Himbeer- bzw. Erdbeerapfel genannt, ist eine Tafelsorte die früher als Dörrobst häufig Verwendung fand. Die Sorte wird wegen ihres rötlichen Fruchtfleisches heute noch von Liebhabern kultiviert, oft aber durch „modernere" Herbstsorten verdrängt. Als mittelspät blühend und relativ unempfindlich gegen Witterungseinflüsse hat sich der Rote Herbstkalvill noch ein Refugium in Gunstlagen der Obersteiermark erhalten. In den höheren Lagen ist seine Anfälligkeit für Schorf und Mehltau nicht so problematisch wie in tieferen Lagen (Abb. 4.16 und 4.17).

Die Birne hat in der Steiermark als Kulturpflanze weniger Bedeutung als in unseren Nachbarbundesländern Kärnten und Niederösterreich.

In Niederösterreich waren und sind Mostbirnbäume das bestimmende Landschaftselement, auch wenn die Obstbaumreihen heute vielfach nur mehr ihres dekorativen Wertes wegen Bestand haben. Die Benennung des Mostviertels auf Grund der einstigen wirtschaftlichen Bedeutung zeugt davon. Kärnten bietet klimatisch gute Voraussetzungen für die Birnenkultivierung. Besonders im Lavanttal findet man noch größere Bestände mit alten Sorten.

Die Steiermark kann mit dem Bezirk Hartberg zwar nicht gleich ein Viertel aber doch ein größeres zusammenhängendes Gebiet als „Birnenland" ausweisen. Hier findet man von den etwa 100 genannten Sorten der Steiermark 38. Von besonderer Bedeutung ist die Hirschbirne, die nach ihrer Reife im Herbst für die Dörrobsterzeugung genutzt wurde. Sie hat sich vor allem im Gebiet des Naturparks Pöllauer Tal gut gehalten und erfährt in letzter Zeit eine Verjüngung und Weiterkultivierung. Steiermarkweit wurden bei den Erhebungen überwiegend Mostbirnen – ohne genauere Sortenbezeichnung – genannt. Mostbirnen sind Teil der traditionellen Streuobstgärten und haben dementsprechend auch die gleiche Verbreitung. Sie sind für die Landwirte heute von untergeordneter Bedeutung, weshalb die Sortenbezeichnung vielfach auch nicht mehr bekannt ist.

An Tafel- und Wirtschaftsbirnen werden im Streuobstbau vor allem die Sorten Williams Christ und Gute Luise flächendeckend kultiviert. Beide Sorten kommen bis in größere Höhen vor und weisen in Gunstlagen einen guten Ertrag auf (KEPPEL & al. 2002, HOFER & al. 2004).

Birnbäume über 900 m Seehöhe sind in der Obersteiermark keine Seltenheit. Es handelt sich hierbei auch um Lokalsorten wie die Lehmbirne, umgangssprachlich „Loambirn", im Bezirk Murau, oder die Steirische Mostbirne, die bis auf 1300 m Seehöhe kultiviert wird (FUSSI 2003) (Abb. 4.18).

Autoren: H. OTTO, R. SCHLACHER, K. FAULAND, M. HOFER, D. GRILL

Weiterführende Literatur

GIS www.gis.steiermark.at

HARLFINGER O., KOCH E. & SCHEIFLINGER H. 2002. Klimahandbuch der österr. Bodenschätzung 1+2. – Univ. Verlag Wagner, Innsbruck.

HOFER M., HERBINGER K., FAULAND K., MONSCHEIN ST., KEPPEL H. & GRILL D. 2004. Verbreitung von Streuobstwiesen und regionalspezifische Apfelsortenverteilung in der Steiermark – Ergebnisse aus Erhebungsdaten in Verbindung mit dem GIS. – Naturwiss. Verein (in Vorbereitung).

SCHRAMAYR G. & NOWAK H. 2000. Obstgehölze in Österreich. – Umweltbundesamt GmbH, Wien .

5 – BEDEUTUNG DER STREUOBSTWIESE FÜR DEN TOURISMUS

„Es muss etwas Neues geben – denn täglich entstehen neue Wünsche und damit neue Märkte! Die Frage ist nur: Sind wir am Markt? Sind wir dabei?
Wenn in den letzten 30 Jahren (Zeit einer Generation) die Hälfte der Lebensmittelkaufkraft (von 30 % auf 15 %) in die Freizeit abgewandert ist, müssen wir – muss die Hälfte von uns – mitwandern. Dort ist die Kaufkraft!
Sinngebende Freizeitgestaltung ist das, wonach die Welt und vor allem der Städter dürstet. Dorthin müssen wir aufbrechen.
Wir, die Bäuerinnen und Bauern, müssen keine teuren Kulissen aufbauen wie die Themenparks. Wir haben die kulturelle Hofkulisse, gepflegte Landschaftskulisse die Tierkulisse, die Weinbergkulisse, die Almenkulisse.
Wir müssen die Inhalte gestalten (inszenieren) wie ein aufregendes Theaterstück mit Spannung, Gefühl und Spaß.
Wer die Zukunft der Landwirtschaft (des Streuobstbaus) sichern will muss auch ein Klima schaffen: ein Klima des Optimismus und ein Klima des Handelns. Ein Klima bestimmt, was gedeiht und was verdirbt. Ein Klima bestimmt, wer schneller wächst und wer verkümmert."
(Zitat von Mag. Helmut Eiselsberg/LLWK Linz)

GEGENSEITIGER NUTZEN KENNZEICHNET DIE PARTNERSCHAFT – STREUOBSTBAU UND TOURISMUS

Die touristische Inszenierung der Streuobstlandschaft ist vor allem eine Chance (Aufgabe) für Bauern. In einem Gebiet wo der Streuobstbau eine sehr hohe Dichte und Tradition hat, kann er leicht ein touristisches Thema sein. Es ist sinnvoll, solche bestehende Regionen umfassend touristisch aufzubereiten (zu inszenieren) (Abb. 5.1).

Von den drei Obstbautypen Hausgarten – Streuobstbau – Plantagenobstbau gibt der Streuobstbau besonders sympathische darstellungsfähige, erlebnisreiche Themen ab.

Wer viel hat, kann viel verlieren. In Anbetracht sichtbarer und unerkannter Werte sollte das zu konkretem Handeln verleiten. Der Plantagenobstbau mit seinem Versorgungsaspekt schien zeitweise den Streuobstbau überflüssig zu machen, bietet er doch marktgerechte, einheitliche und ziemlich regelmäßige Früchte.

Neue Denkansätze wie Tourismus, Traditionsbewusstsein, Gesundheitsaspekte, Produktvielfalt, Lebensqualität, Landschaftsgestaltung, Direktvermarktung, Differenzierung von der Masse …., leiten einen hoffnungsvollen Umschwung zugunsten einer neuen Wertschätzung des Streuobstbaus ein.

„Ohne Wertschätzung keine Wertschöpfung und umgekehrt".

Die zentrale Frage ist tatsächlich warum der Streuobstbau unserer Vorfahren heute noch erhalten werden soll. Welche Bedürfnisse liegen dem zugrunde?

Das Wollen ist die Basis des Handelns!

- Stehen lassen und nachpflanzen (Extensivflächen, Ökologie, Landschaft).
- Heißt dringende Mechanisierung der Ernte, Wirtschaftsobstverkauf.
- Für mich selbst nutzen.
- Vermarkten über Direktvermarktung oder Tourismus.

Ideen und Engagement führen zu erfolgreichen Menschen und Betrieben.

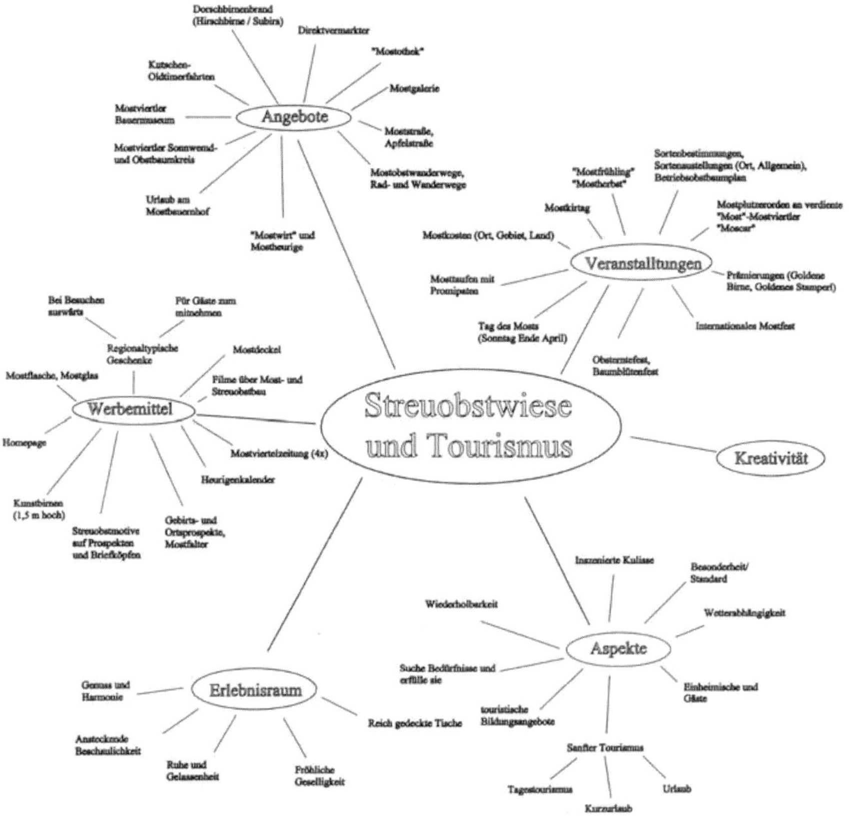

Abb. 5.1 *Streuobstwiese und Tourismus*

Erfolg stellt sich ein, wenn Streuobstbau und Obstprodukte für uns selber wertvoll sind. Dann können wir überzeugend die besondere Eigenart des Streuobstbaus vermitteln. Solches lässt sich nicht verordnen, erfördern oder erzwingen. Wenn wir uns selbst gute Obstprodukte gönnen (herstellen), schöne Flaschen (Original-Mostflaschen) und schöne Gläser verwenden, genießen und alles zu seiner Zeit für wichtig erachten (z.B. Wein zum Feiern, Bier im Gasthaus oder zum Gulasch und Most zur Jause) wird der positive Zugang zu Streuobstprodukten gelingen.

Ein gewisses Spannungsfeld besteht darin, dass Baumbesitzer und Nutzer (Landschaftsgenießer, Vermarkter) in ihren Interessen nicht immer ident sind.

Soll die Basis nicht verloren gehen, muss es mehr Überlegungen geben, wie die Wertschöpfung auch zum Baumbesitzer kommt.

Der Tourismus ist einer der wirtschaftlichen Aspekte des Streuobstbaues. Er transportiert die verschiedenen Werte des Streuobstbaues (ökonomischer Wert, ökologischer Wert, gesundheitlicher Wert, ethisch-kultureller Wert), macht diese erlebbar und genießbar. Lassen wir unsere Gäste an unserer Lebensfreude teilhaben! Die Bereitstellung des Angebots erfordert Zeit, Aufwand und einfühlsames kreatives Wissen.

Wirtschaft ist eben die Erfüllung von Bedürfnissen gegen Entgelt. Buchbarkeit statt Zufall. Nicht umsonst heißt einer der wichtigsten Marketingmerksätze „Suche Bedürfnisse und erfülle sie!" Touristen wollen erleben und erzählen. Tourismusangebote müssen eine Antwort auf die Frage „Warum soll ich ausgerechnet dorthin kommen?" geben.

Sicher ist, dass viele gebietstypische Lebensmittel dort am besten schmecken wo sie wachsen. Das dazugehörige Ambiente verstärkt den Genuss.

Wenn sich eine Region definieren will, geht sie zu den Wurzeln zurück, was das Land hervorbringt (brachte). Lebens-(Nahrungs-)Mittel kann man importieren, Kulturlandschaft nicht. Darum ist Tourismus auch ein Identitätsfinder. Ein gutes Erbe ist unsere intakte Kulturlandschaft. Das ist die Basis für sanften Tourismus.

Wenn Europa zusammenwächst, wird das kein Einheitsbrei. Zu verschieden strukturiert haben Klima, Landschaft und Geschichte die Menschen. Heute ist das, was ein Land typisch hervorbringt oft etwas verschüttet. Wurzeln sind wie bei Bäumen nicht sichtbar, aber unverzichtbar. Das „Es gibt fast alles, was wir wünschen, jederzeit und überall" macht uns satt, fördert aber die Neugier und Sehnsucht nach Besonderem. Zunehmende Konzentration in der Landwirtschaft machen auch viele Bauern überflüssig. Ein neues bäuerliches Berufsbild wäre der „Ökoanimateur", um in der heutigen Gesellschaft, die ein immer geringeres Naturverständnis hat, Brückenbauer zu sein.

Thementourismus heutiger Prägung sucht nach regionalen Besonderheiten die dort zu einer gemeinsamen Identität führen. Thementourismus ist ein Beitrag zur Völkerverständigung, weil er auf viel Kontakt mit Menschen einer Region angewiesen ist. Gegenseitiges Kennenlernen fördert gegenseitiges Verständnis. Die zunehmende Globalisierung verwischt die Eigenarten ohnehin. Zwischen nostalgisch krampfhaftem Festhalten und authentischem Erneuern auf traditioneller Basis ist ein großer Unterschied, den nicht gleich jeder erkennt. Mögen die kreativen Entwickler jeder Region sich durchsetzen! Im Obstbau gibt es schon viele solcher Beispiele bei uns und anderswo (Steirischer Apfel, Wachauer Marille, Kirsche und Wein im Weinviertel, Südtirol als Apfelland, Toskana, Champagne ....).

Erleben und genießen sind zwei wichtige Aspekte im Tourismus.

Wenn Landschaft mit Streuobstbau inszeniert wird, wird sie für den eigenen und überregionalen Tagestourismus bzw. Kurzurlaubstourismus interessant.

Ein eher jüngeres Beispiel ist das Mostviertel in NÖ. Als „Land der Mostbirne" hat die Streuobstregion zwischen Salzburg und St. Pölten in zahlreichen Aktivitäten diese große Mostbirnenstreuobstgegend erlebbar und genießbar gemacht. Die Wirkung nach innen und außen blieb nicht lange aus. Auch hier war es notwendig, auch den eigenen Bewohnern diese Tradition als ein erstrebenswertes Ziel wieder zurückzugeben.

Mit einer enormen Steigerung der Qualität des Leitproduktes Birnenmost und einer qualifizierten produktionstechnischen Weiterentwicklung der vielen Obstprodukte über die Beratung der Landwirtschaftsschulen und Landwirtschaftskammern war es leicht möglich, Mostviertler und Gäste zu überzeugen.

Reinsortigkeit und Geschmackstypen für Most (mild, halbmild, kräftig und resch) kommen den unterschiedlichen Konsumentenwünschen entgegen.

Einige Angebotsträger zelebrieren die Geschmacks- und Sortenunterschiede gebührend. Im Rahmen einer buchbaren kommentierten Most- und Produktkost in einer Mostothek oder der Mostgalerie werden alle Ebenen des emotionalen Erlebens angesprochen.

Abb. 5.2 *Biotopverbund "Streuobstlandschaft" (Aquarell von J. HEHENBERGER 1946)*

Abb. 5.3 *Wettpressen beim Obsterntefest in Amstätten*

Abb. 5.4 *Majestätische Birnbaumzeile im reizvollen Winterkleid*

Die Erklärungen helfen, bei Farbe, Geruch und Geschmack alle Nuancen zu entdecken.

Egal ob Kleingruppe oder Busgruppe, Informationen über richtiges Genießen, Trinktemperatur, Trinkkultur, Herstellung, Betriebsphilosophie usw. überzeugen die Gäste für das Getränk nachhaltig. Um das ökologische Gewissen zu berühren, teile man auch mit, dass Mosttrinker Naturschützer sind (sinngemäß Schnapsgenießer auch). Streuobstbauprodukte sind vornehmlich trinkbare Genüsse. Sie lassen der Kulinarik bei Speisen viel Spielraum.

Ein wichtiger Faktor für die breite wirtschaftliche Nutzung des Streuobstbaues, ausgehend von den Landwirtschaftlichen Fachschulen, dem Obstbauverband, den Landwirtschaftskammern und Pionieren, ist Einbindung möglichst vieler Multiplikatoren. Wirtschaft, Politik, Behörden, Gemeinden, Medien, Sport, Schulen stellen sich inzwischen in den Dienst der Sache. Das spüren auch die Gäste. So entstehen ein „WIR-Gefühl" und ein wichtiger Beitrag zur Erhaltung des Streuobstbestandes. Es ist längst klar, dass Mostviertler bei Besuchen auswärts einige der guten Obstprodukte mitnehmen (z.B. Gemeindevertreter in ihre Partnergemeinden).

Ein Klima des Aufbruchs und der unverwechselbaren, kopiergeschützten Eigenständigkeit ist entstanden. Eine gute Streuobstideologie kann alles beseelen.

Auch Einheimische sind wichtige Touristen. Das ist ein Teil des bedeutenden Marketings nach innen. Größere und kleinere Produzenten kristallisieren sich als Produktanbieter heraus. Natürlich sind größere Leitbetriebe notwendig. „Zugpferdstrategie" müsste in der Förderung sensibel betrieben werden, damit die fürs Ganze wichtigen Kleinbetriebe nicht hoffnungslos werden. Mittlere bäuerliche und gewerbliche Obstverarbeitungsbetriebe bringen mit beträchtlichem kellertechnischem Aufwand größere Mengen Most und Fruchtsäfte auf den Markt. Kleinbetriebe nützen diese als Lohnverarbeiter.

Weitere Obstprodukte (Essig, Dörrobst, Sirup), werden meist in spezialisierten Kleinbetrieben hergestellt. Sie alle bereichern das erlebbare Angebot auch für Touristen. Was für uns selbstverständlich ist, ist für Konsumenten ein wichtiges Argument: Bäuerliche Obstprodukte haben Biostatus und die Säfte werden nur durch Erhitzen, ohne chemische Konservierungsstoffe, haltbar gemacht. (Direktsaft = 100 % Fruchtsaft)

Besondere Qualität ist erklärungsbedürftig. Ab-Hof-Verkauf ist Erlebniseinkauf. (Beschilderung, Gemeindeprospekt!). Kleinproduzenten machen die Landschaft genießbar.

Gastronomie und Mostheurige sind wichtige Angebotsträger. Für das touristische Angebot sind beide notwendig. Nach anfänglichem Konkurrenzdenken kehrt diese Erkenntnis früher oder später ein und die unverzichtbare Zusammenarbeit trägt für beide Früchte. Viele Beispiele beweisen das.

Zum Most, Fruchtsaft, Sirup, Destillat usw. gehört in der regionalen Küche auch „Kochen mit Most".

In Sachen Authentizität haben einige Gastwirte und Mostheurige noch Nachholbedarf. Kreativität und Einfühlungsvermögen sind im Thementourismus wichtiger als sonst wo. Urtypisch hohe Qualität ist gefragt.

Die guten Gastwirte sind Lieferanten für die vom Gast gewünschten „Geheimtipps" für den schönen Urlaub!

Immer öfter führen Gastwirte regionale Produkte aus der Gegend. Dieses dekorative Service signalisiert regionale Kompetenz. Gutbürgerliche Dorfwirtshäuser erfüllen eher Kommunikationsaufgaben.

Ein Rundkurs mit qualifizierten Angebotsträgern, landschaftlich schönen, kulturellen, kulinarischen und erlebnisreichen Stationen ist die Moststraße.

Sogar eine Reihe von spielerischen Bildungsangeboten für Jung und Alt finden sich im touristischen Gewand. Das ist ein neuer freudvoller Zugang zu den Zusammenhängen eines alten Kulturgutes. Angenehmes und Nützliches verbinden ist ein gescheiter Weg. Von Zeit zu Zeit eine neue interessante Ergänzung vorzunehmen, hält das Thema Streuobstbau präsent.

Es ist vorteilhaft, wenn die Fäden in einer übergeordneten Stelle zusammenlaufen (z.B. Regionalmanagement = Ideensammlung, Wiederholungsvermeidung, Umsetzungshilfe…).

Wenn die Angebotsinformationen so gut angelegt sind, dass die Zeit gar nicht reicht, um alles zu sehen, fährt die Neugier auf mehr mit nach Hause.

Das Angebot erweitert sich rasch, denn „Wo Tauben sind, fliegen Tauben zu".

Autor: L. HEHENBERGER

Weiterführende Literatur

HEPPERLE Th. 1994. Der Mostbirnensortengarten. – Unterer Frickhof, Amt für Landwirtschaft, Überlingen.

SCHMIDTHALTER M. 2001. Die Mostbirnen – Früchte des Mostviertels. – Selbstverlag „Neue alte Obstsorten", Amstetten, Gießhübl 7.

6 – DIE VIELFALT ALTER SORTEN UND DER UNBEGRÜNDETE VERLUST AN ATTRAKTIVITÄT IM MARKETING

ENTSTEHUNG ALTER SORTEN

Die Vielfalt der alten Sorten ist nicht nur auf die intensive ausländische Züchtungsarbeit zurückzuführen, auch die heimische Obstbauarbeit hat dazu beigetragen. Viele alte Sorten sind Sortenfindlinge oder Sprossmutationen oder einfach Samenaufgänge in der Natur, die weiter verwendet wurden und heute bei der Sortenbestimmung große Probleme bereiten (vgl. Kap. 7).

Ausgegangen werden kann von der Sortensammlung in der Urzeit, indem Früchte aus der Behausungsnähe gesammelt wurden. Da die Obstgehölze eigentlich Mischwaldbesiedler (Kap. 4) waren, dürfte der Anteil an Obstgehölzen im Mischwald auch wesentlich höher gewesen sein, da die Baumgesellschaft der heutigen Mischwälder durch den Menschen sortimentsbereinigt auf reine Waldgehölze dezimiert wurde. Da das Veredeln noch nicht bekannt war, griff man auf die generative Vermehrung (Vervielfältigung der Baumzahlen) mittels Aussäen von Samen zurück. Die Mischerbigkeit (Heterozygotie) der Obstgehölze brachte im Rahmen der generativen Vermehrung eine große Aufspaltung des Erbmaterials und damit unterschiedliche Sorten, da dieser Vermehrungsgang eigentlich immer zu genetisch neuen Individuen führt. Meist ist die Muttersorte bekannt, aber der Vater (der übertragene Pollen) nicht. Um diese Schwierigkeiten zu umgehen und besonders ansprechende Sorten zu behalten und zu vermehren, wurde dann später die Vermehrung durch Veredelung eingeführt. Grundsätzlich kann man davon ausgehen, dass Sämlingsfrüchte von Streuobstbäumen einen einheitlich fad-süßen Geschmack bei leicht trockenem Fruchtfleisch aufweisen. Die Auswahlarbeit hat dann die Aufgabe jene Früchte zu finden, die dem menschlichen Geschmack bzw. dem kommenden Käufergeschmackstrend entsprechen. Wenn dann auch noch der Wuchs und die Ertragseigenschaften befriedigen, hat die Selektion Chancen eine neue Sorte zu werden. Im Durchschnitt kann man rechnen, dass aus mindestens 50.000 – 100.000 ausgesäter Samen eine neue Sorte wird.

Im Rahmen der Entwicklung der Landwirtschaft zur Sesshaftigkeit begann man auch mit natürlichem Samenauswuchs unterhalb oder in der Nähe der Obstbäume junge aufgehende Obstbäume auszugraben und in Hausnähe wieder einzupflanzen. Damit war ein geregelter Obstanbau in Hausnähe gewährleistet. Nur die Sorten waren damit genetisch nicht dieselben. Es mag wohl in den Fruchtfarben und/oder in der Gestalt bzw. im Geschmack Ähnlichkeiten mit der Muttersorte gegeben haben, die Genetik ist und war verschieden. Und so begann die Vielfalt. Sortenbezeichnungen waren damals mit der Herkunft des Baums, dem Besitzernamen, dem Vulgonamen, der Flur, dem Herkunftsort oder der Herrschaft üblich. Auch Sorteneigenschaften dienten als Bezeichnungen. Vielfach sind diese Bezeichnungen heute noch gebräuchlich: Gelber Edelapfel, Kronprinz Rudolf, Borsdorfer (Ortschaft in Sachsen), Schweizer Wasserbirne, Roter Stettiner, Berner Rosen usw.

Samenaufgänge am Rande der Kronentraufe wurden oft ausgegraben und andernorts unter dem Namen des Ursprungsbaums wieder eingepflanzt. Dies ist fachlich falsch (siehe oben), da ja nur mehr 50 % des Erbguts dem Erbgut des Mutterbaums entsprechen, wenn auch vielleicht Ähnlichkeiten zur Muttersorte vorhanden sind. Und solche Bäume wurden vielleicht wieder unter dem ursprünglichen Namen weiter vermehrt und entsprechen so nur mehr 25 % (und in weiteren Vermehrungsgängen immer weniger) der Muttersorte usw. Um eine Sorte sortenecht weiter zu vermehren, wird deswegen üblicherweise die Methode der Veredelung (siehe unten) verwendet.

Auch Sortennamen, die in Vergessenheit geraten sind, wurden durch Synonyme (Flurname, Bauern-, Vulgoname usw.) ersetzt und lassen heute kaum mehr eindeutige Sortennamenzuordnungen zu (siehe Kap. 7).

EIGENSCHAFTEN ALTER LANDRASSEN

In den alten Landrassen steckt noch vielfach urgenetisches Blut, d.h. der Geschmack ist durch die natürlich vorhandenen Substanzen eher wildartig (durch einen hohen Polyphenolgehalt in der Pflanze bitter oft auch adstringierend (am Gaumen kratzend)) und dadurch eher minderwertig (vgl. Kap. 10). Wichtig sind diese alten Sorten aber als Resistenzträger, da die natürlichen Resistenzen hier polygen veranlagt sind, d.h. die Erbinformationen der Resistenzen liegen auf mehreren Genen (Stellen der Erbanlagen) verteilt. Deswegen ist die Krankheitsbeständigkeit (Resistenz) stärker ausgebildet und wird nicht so leicht durchbrochen wie bei herkömmlich gezüchteten Sorten, deren Resistenz meist nur auf einem Gen (z.B. V_f) liegt. Die Bewahrung alter Sorten ist deshalb ein weltweites Anliegen, um unter Umständen bei Neuzüchtung verschiedenstes Genmaterial (Erbanlagen) zur Verfügung zu haben (siehe Kap. 8).

Der Wuchs der alten Landsorten ist oft sehr stark. Dies bedingt einen natürlichen späten Ertragsbeginn. Der starke Wuchs ist nicht nur auf die genetischen starkwüchsigen Grundlagen zurückzuführen, sondern auch auf die wuchsstarke Unterlage (Wurzelteil und Wurzelhals eines veredelten Baumes). Je höher die Veredlungsstelle oberhalb des Bodens liegt, desto größer wird der Unterlagseinfluss und desto stärker (höher) wachsen die meisten alten Bäume. Im Rahmen der rationellen Bewirtschaftung ist man bestrebt, kleine Bäume heranzuziehen, um den Arbeitsaufwand durch Ernte und Schnitt zu senken. Die Baumgröße kann über die Wahl der Unterlage gesteuert werden. Man unterscheidet schwachwüchsige Unterlagen, die nur niedere bodennahe Bäume hervorbringen, mittelstarke und starke Unterlagen. Auf Sämlinge veredelte Sorten beginnen auch sehr spät zu tragen. Im Durchschnitt der Sorten kann man mit einem Ertragsbeginn auf Sämlingen erst mit dem 10.–15.–20. Lebensjahr rechnen. Einige alte Sorten (z.B. Maschanzker, Bohnapfel) setzen mit dem Erstlingsertrag erst nach dem 20. Standjahr ein. Für einen Erwerb in der heutigen Zeit ist dieser Umstand nicht rationell und verhindert die Auspflanzung. Im Intensivanbau sollen die Bäume bereits ab dem zweiten Standjahr tragen. Ein fehlender Schnitt, also dem natürlichen Wachstum überlassene Bäume, beginnen ebenfalls später zu tragen als geschnittene und kronenformierte Bäume.

Die Früchte auf einem Kernobstbaum hängen meist auf Holz im dritten Lebensjahr. Im ersten Triebwuchsjahr wächst der Trieb heran, im zweiten Lebensjahr werden die Blütenknospen angesetzt. Die Früchte hängen dann im dritten Lebensjahr am Fruchttrieb.

Der fehlende Schnitt bedingt auch eine Alternanz der Bäume (Wechsel von Trage- und Rastjahren). Der Eigentümer kann bei alternierenden Bäumen daher nur im zweijährigen Rhythmus mit einem Ertrag rechnen. Auch dies ist ein Umstand der mangelnden Rationalität von Streuobstbäumen. Die Alternanz entsteht durch Fruchtüberlastung der Bäume im Tragejahr, so dass in diesem Jahr zu wenig Blütenknospen gebildet werden können. Im Folgejahr sind eben zu wenig Blütenknospen vorhanden und der Baum hat einen Überschuss an Assimilaten und kann überreichlich Blütenknospen ansetzen. Im Jahr darauf tragen die Bäume viele Blüten und dann zu viele Früchte, die durch den überreichen Ansatz nicht ihre volle Fruchtgröße erreichen und den Baum durch die große Fruchtmasse überlasten, so dass für die Blütenknospenbil-

Abb. 6.1 *Streuobstbaum vor dem Schnitt*

Abb. 6.2 *Aussehen des Obstbaumes nach dem Schnitt*

dung wieder zu wenig baumeigene Hormone und Assimilate zur Verfügung stehen. Im darauf folgenden Jahr sind wieder zu wenig Blütenknospen vorhanden. Und so wiederholt sich die Alternanz immer wieder. Nicht nur überreiche Erntejahre sind alternanzauslösend, sondern auch Krankheits- oder Schädlingsepidemien (Schorf, Blütenstecher) und Spätfröste (Fröste zur Blütezeit).

PFLEGEMASSNAHMEN UND STREUOBSTBAUMSCHNITT

Der Schnitt der Streuobstbäume ist notwendig, um eine stabile Krone zu erziehen, einen frühen Umstieg von der Jugend- in die Ertragsphase zu erreichen, jährlich regelmäßig gleich hohe Erträge bei bester Qualität zu erzielen und weniger Schädlingsbekämpfung durchführen zu müssen.

Bei neu gepflanzten Bäumen ist ein Formier- und Erziehungsschnitt notwendig. Im Ertragsalter ist der Erhaltungs- oder Instandhaltungsschnitt und ein Erneuerungs- oder Verjüngungsschnitt durchzuführen.

Für einen erfolgreichen Streuobstbau sind nachstehende Punkte zu beachten:

> Kronenvolumen nicht extrem verkleinern und Kronengefüge locker stellen – den richtigen Schnittzeitpunkt wählen!

Kronenvolumen

Der Kronenaufbau und das Kronenvolumen beeinflussen die Qualität (geringerer Krankheitsdruck) durch früheren Triebabschluss und lichte Kronen = weniger Schorfgefahr, dadurch trocknet die Laubmasse schneller ab. Durch die bessere Besonnung der Früchte weisen diese mehr Inhaltsstoffe und deswegen auch einen besseren Geschmack auf und die Haltbarkeit der Früchte sowie die Baumerträge verbessern sich. Zur Frage der Schnittführung ist zu sagen, dass weniger die Jungholzproduktion (unproduktive Langtriebe wie z.B. Wasserschoßer) gefördert, sondern ein ruhiger Baum mit überwiegend kurzen Fruchttrieben herangezogen wird. Um die Krone ruhig und locker zu halten, muss mit einer etwaigen organischen und mineralischen Stickstoffdüngung sehr sorgsam umgegangen werden (Gülle und Jauche nur in Mehrjahresabständen). Werden Kronen mit einem Mittelast erzogen (in schneereichen Gebieten einer Hohlkronenerziehung vorzuziehen), soll der Mitteltrieb (Stammverlängerung) nach unseren Erfahrungen nicht höher angeschnitten werden als die Leitäste, da nach dem Wuchsgesetz der Spitzenförderung der Mitteltrieb eine größere Wuchsleistung erbringt und somit ein Überdachen (Überbauen) der Leitäste verhindert werden kann.

Beim Auslichten der Baumkronen kommt vorwiegend die Säge zum Einsatz. Da die Astanzahl verringert werden sollte, sind vorwiegend starke Äste zu entfernen (überbauende Äste, d.h. höher stehende starke Äste, die die Krone im unteren Bereich beschatten). Jeder verbleibende Ast soll eine Verlängerungsmöglichkeit nach oben aufweisen (obstbauliches Wachstumsgesetz der Spitzenförderung), jedoch muss die Pyramidenform einer vitalen Krone gewahrt bleiben. Im gesamten Kronenbereich keinesfalls auf waagrecht angesetzte Äste zurückschneiden, weil dies nach dem Wuchsgesetz der Oberseitenförderung einen verstärkten Triebansatz zur Folge hat. Dies führt zu einem verringerten Blütenknospenansatz und damit zu wenig Ertrag und zu großen Ertragsschwankungen (Alternanz = Aufeinanderfolgen von Trag- und Rastjahren) (Abb. 6.1, 6.2).

Gut garnierte (mit Fruchtholz besetzte) Triebe und Äste sind das Schnittziel, um die Fruchtbarkeit auf die gesamte Kronenfläche zu verteilen und die Kronenstabilität zu bewahren. Unter Fruchtholz versteht man jene kurzen Triebe, die eine Blütenknospe an der Triebspitze tragen.

Zu starke Eingriffe in die Krone sind zu vermeiden, um den Baum ruhig zu halten, da durch die wenigen Schnittwunden wenig schlafende Knospen aktiviert werden. Deswegen unterbleibt weitest gehend die mühsame Entfernung von unnötigem Jungholz aus den schlafenden und durch die Schnittwunden induzierten doch austreibenden Knospen.

Astgabeln ausschalten, um ein Ausbrechen (-reißen) der Triebe durch die Fruchtlast zu verhindern. Die Ausladung der Krone und die Kronenhöhe nicht stark verringern.

Abb. 6.3 *Hohlkronenbaum vor dem Schnitt*

Abb. 6.4 *Schnittholzmenge nach dem Schnitt*

Schnittzeitpunkt

Um die vorstehend angeführten Maßnahmen optimal durchzuführen, ist der richtige Schnittzeitpunkt wichtig.

Dieser ist dann gegeben, wenn genügend Blütenknospen am Baum sind (wenn das vorangegangene Jahr wenig Ertrag aufgewiesen hat). Dadurch wird die natürliche Wuchsbremse durch den reichlichen Ertrag ausgenützt und der Baum treibt nicht so stark durch (verminderter vegetativer Wuchs). Für einen regelmäßigen ausreichenden Ertrag genügt eine wesentlich geringere Blütenknospenanzahl (als am Trieb angesetzt) aber wenige und größere Früchte = höhere Ernteleistung und bessere Fruchtqualität.

Dadurch sind größere Pflegeintervalle (jährlicher Abstand der Schnittmaßnahmen) möglich.

Fruchtholzphysiologie

Das Kernobst unterliegt in der Blütenknospenbildung einem mehrjährigen Rhythmus. Im ersten Triebwuchsjahr wächst der Trieb (einjähriger Trieb) heran. Im zweiten Wuchsjahr setzt der gleiche Trieb am vorjährig gewachsenen Triebstück Blütenknospen an (zweijähriges Fruchtholz). Bei verschiedenen Sorten mit mehrjährigem Fruchtholz (z.B. Gravensteiner) sind am zweijährigen Holz nur Übergangsknospen (nicht vollwertige Blütenknospen, die im Folgejahr nur Blätter hervorbringen) vorhanden, erst im dritten Wuchsjahr setzen diese Triebe dann vollwertige Blütenknospen an. Daher Vorsicht beim Einkürzen oder Entfernen einjähriger (vorjährig gewachsener) Triebe, da durch diese Maßnahme der Ertrag in den Folgejahren vermindert oder verhindert wird. Dies stellt auch einen wesentlichen Schnittfehler bei schnitt-unkundigen Personen dar. Generell soll auf das Einkürzen von Langtrieben verzichtet werden, es sei denn, es ist für den Kronenaufbau erforderlich, um neuen Jungwuchs zu fördern.

An den Astunterseiten befindliches und beschattetes Fruchtholz erbringt eine verschlechterte Blütenknospenausbildung und dadurch qualitativ minderwertige Früchte. Auch überaltetes Fruchtholz (Quirlholz) soll zu waagrecht stehendem bzw. leicht aufrecht gerichtetem Fruchtholz umgewandelt werden (Fruchtholzwechselschnitt). Dies führt zu weniger Blütenknospen je Triebansatz. Bei den Renetten muss auf den Fruchtholzwechselschnitt besondern geachtet werden, bei Kirschen sollen die Schnittmaßnahmen während der Ernte und unmittelbar danach abgewickelt werden.

Äste reichtragender Bäume sind, wenn es der weiteren Mechanisierung nicht hinderlich ist, vor Astbruch zu stützen. Um die Qualität des Ertrags zu steigern, muss mit dem Schnitt altes und abgetragenes sowie überdecktes Fruchtholz entfernt werden. Maxime des Baumschnitts für einen qualitativ hochwertigen Schnitterfolg muss sein, eine lichte, gut durchlüftete und besonnte Krone mit nicht zu altem Fruchtholz zu erreichen. Dann stimmen die jährlichen Erträge und die Qualität der Ernte.

LAGERUNG DER FRÜCHTE

Bis jetzt gab es keine exakten Hinweise auf die Lagereignung alter Sorten; sie beziehen sich nur auf die alte Kellerlagerung (Naturlagerung). Und selbst die Kellerlagerung ist von den in der Erde vorhandenen Mikroorganismen, dem Reife- und Gesundheitszustand und der Qualität der Früchte bei der Einlagerung, der Luftfeuchtigkeit und der Lagertemperatur abhängig. Sind in der Erde des Naturkellers ethylenabbauende Mikroorganismen vorhanden, filtern diese das natürliche Reifegas Ethylen aus der Lagerluft und verhindern so eine rasche Nachreifung der Früchte. Die Lagerfähigkeit kann somit auf natürliche Weise verlängert werden. Früher wurden die Früchte oft physiologisch unreif geerntet und reiften am Lager erst nach. Der Bohnapfel z.B. reift erst zu einer halbwegigen Genussreife im Jänner heran, hält aber dann bis in den Juli, Maschanzker reift im November, ist im Dezember und Januar am besten.

Die heutigen Lagerungsmethoden wie die Kühl- und die CA-Lagerung (conditionierte, kontrollierte Atmosphäre) sind fast ausschließlich bei den gängigen Intensivsorten erprobt und es gibt kaum Erfahrungswerte mit alten Landsorten. Unter anderem ist dies ein Grund warum alte Sorten auf Erzeugermärkten, aber kaum im Verkaufssortiment von Lebensmittelmärkten zu finden sind.

Früchte und Gemüse sind auch nach der Ernte noch lebende Organismen, die sich durch einen lebhaften Stoffwechsel auszeichnen. Ein intensiver Stoffwechsel ist gekennzeichnet durch eine erhöhte Zellatmung (Respiration), bei der in einer Serie biochemischer Reaktionen im Wesentlichen Sauerstoff aufgenommen wird und Kohlenhydrate, organische Säuren, Fette und Proteine abgebaut werden. Bei längerer Lagerung können sich eine starke Atmung sowie ein erhöhter Wasserverlust durch Transpiration an der Fruchtoberfläche negativ auf die Produktqualität auswirken. Daher ist das Hauptziel jeder Nachernte-Behandlung die Reduzierung des Wasserverlustes und Drosselung der Atmung. So führt beispielsweise eine Herabsetzung der Lagertemperatur um 10 °C zu einer Erniedrigung der Stoffwechselrate bei Früchten und Gemüse um das 2–3fache. Dies bedeutet, dass eine Lagerung nahe dem Gefrierpunkt bei Produkten wie z.B. Äpfeln, Birnen, Salatzwiebeln und Blattgemüse die Atmung, Reifung und Alterung um ein Vielfaches verlangsamt. Die alleinige Reduzierung der Lagertemperatur ist jedoch vor allem bei der Langzeitlagerung (Lagerdauer ca. sechs Monate) nicht ausreichend. Um Qualitätseinbußen zu verhindern muss die Atmung der Produkte noch weiter reduziert werden. Dies kann nur mit der Lagerung unter kontrollierter Atmosphäre (CA-Lagerung) erreicht werden. Kontrollierte Atmosphäre bedeutet, dass der für die Atmung notwendige Sauerstoff bei Äpfeln bis auf ca. 1 % in der Lageratmosphäre reduziert und die Kohlendioxidkonzentration der Atmosphäre oft bis auf das Hundertfache (3 %) erhöht wird. Unter solchen Bedingungen ist die Stoffwechselrate sehr stark reduziert, so dass die Produkte bei Erhaltung der Qualität über sechs Monate gelagert werden können. Diese Methode der Lagerung hat sich bei Äpfeln als sehr effektiv erwiesen und wird weltweit eingesetzt.

Ein Verderb von Früchten und Gemüse während der Lagerung kann außer durch verstärkte Respiration sowie Transpiration auch durch Mikroorganismen, im Besonderen durch Schimmelpilze, verursacht werden. Der mikrobielle Verderb kann zwar durch die zuvor genannte Lagerung unter kontrollierter Atmosphäre verzögert, jedoch nicht gänzlich verhindert werden. Um Lagerverluste weiter zu reduzieren werden vor der Ernte im Erwerbsobstbau Lagerspritzungen mit hochwirksamen chemisch-synthetischen Fungiziden durchgeführt. Durch den intensiven Einsatz solcher Fungizide können sich Schimmelpilz-Resistenzen bilden. Darüber hinaus intensivierte sich in den letzten Jahren die öffentliche Diskussion bezüglich des Einsatzes hochwirksamer Fungizide und der daraus entstehenden Rückstandsproblematik auf den Früchten, so dass nach alternativen Methoden gesucht wurde. Eine solche Methode ist z.B. die Heißwasserbehandlung von Äpfeln zur Reduzierung der *Gloeosporium*-Fruchtfäule, die gefährlichste Pilzkrankheit im ökologischen Apfelanbau. Sie entwickelt sich erst während der Langzeit-Lagerung der Früchte und kann zu Verlusten von über 50 % führen. Durch eine Nachernte-Behandlung (Tauchen) der Äpfel in 53 °C warmem Wasser (zwei Minuten) wird die Fäule fast völlig reduziert. Die besten Ergebnisse bezüglich der Reduzierung der *Gloeosporium*-Fäule konnten mit einer Heißwasserbehandlung und anschließender Lagerung unter kontrollierter Atmosphäre erzielt werden. Die nachfolgende Abbildung zeigt die Wirkung der Heißwasserbehandlung zur Reduzierung der *Gloeosporium*-Fruchtfäule an verschiedenen alten Apfelsorten aus der Steiermark (Abb. 6.5).

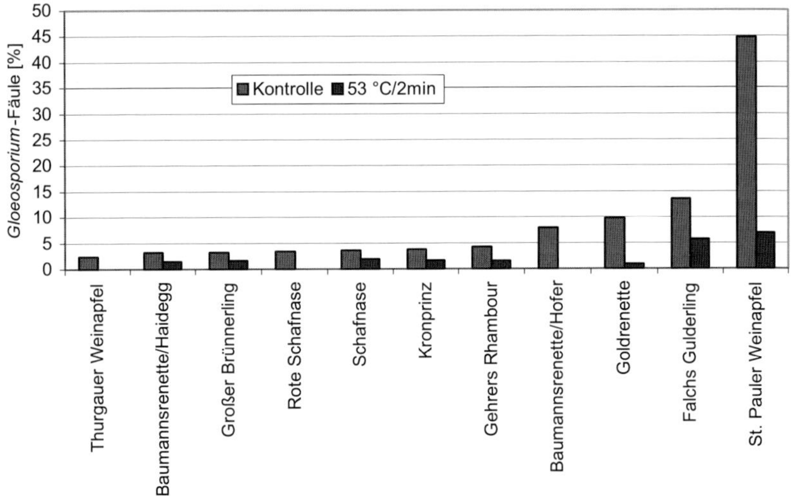

Abb.6.5 *Gloeosporium-Fäule an verschiedenen alten Apfelsorten nach Heißwasserbehandlung*

ASPEKTE FÜR EIN ALTSORTENMARKETING

Es gilt die Frage zu beantworten, was die Gründe sind, dass alte Sorten im Angebot oder im Verkaufssortiment der großen Geschäfte fehlen.

Die marktbedingte Einengung des heutigen Verkaufssortiments lässt nur mehr wenige Sorten im Verkauf zu. Seitens des Handels wäre der sogenannte 1-Sorten-Jahresapfel von Vorteil. Dieser sollte im Sommer geerntet werden und bis zum nächsten Sommer haltbar sein, ein festes hartes Fruchtfleisch aufweisen und konsumentenfreundlich auf der einen Fruchthälfte gelb und auf der anderen rot gefärbt sein.

Die alten Sorten entsprechen meistens (bis auf einige wenige wie Maschanzker und Bohnapfel) nicht den heutigen Anforderungen auf Druckfestigkeit und Lagerfähigkeit. Die Früchte haben oft wegen ihrer stumpfen Deckfarbe, des hohen Anteils an Grundfarbe und des mehr oder weniger hohen Besatzes an Berostung ein wenig attraktives Aussehen, sind in der Fruchtgröße meist zu klein und weisen einen relativ kurzen Genusszeitraum bei einem minderen Nachauslagerungsverhalten (shelf-life) auf. Die heutige düngergestütze Produktion beeinflusst die Fruchtfarbe, den Reifezeitraum und den Geschmack der alten Sorten meist negativ. Wegen des Fehlens eines planmäßigen Baumschnitts liegt die Alternanzrate der Bäume ziemlich hoch, was keinen geregelten Ertrag erwarten lässt (s.o.). Betriebswirtschaftliche Gründe des geringen Erlöses, des spät einsetzenden Ertrages, der jährlich wechselnden Ertragsmengen und der wegen der geringen Fruchtgröße relativ hohen Produktionskosten lassen den Anreiz zum Pflanzen alter Sorten schwinden. Ein fehlendes Sortiment an anerkannten alten Sorten mindert ebenfalls die Anbaumöglichkeiten.

Welche Chancen bieten sich nun alten Sorten im Verkauf?

Die Marktsättigung mit wenigen, neuen, uniformen, allerweltsangebauten gleichen Sorten führt zu einem Angebot an geschmacklich einseitig süßen, aromaarmen, vorwiegend rot gefärbten Sorten, die das ganze Jahr über angeboten werden. Und genau hier können die alten Sorten einspringen. Der Anbau der alten Sorten im Apfelgürtel Europas (nördlich und südlich im Vorland der Alpen) bietet Möglichkeiten, auch säurereiche aromahältige Sorten auszupflanzen und im Gegensatz zur restlichen Welt zu hervorragenden Qualitäten mit großem diätischen Effekt wachsen zu lassen.

Hinsichtlich des verkaufsfördernden und verkaufswürdigen Altsortensortiments sind jene Sorten zu bevorzugen, die ein reifezeit- und verkaufszeitraumübergreifendes Sortiment bewerkstelligen. Darüber hinaus ist auch eine Lagerzeitstaffelung mit der Ermittlung des optimalen Reifetermins und der günstigsten Lagerdauer zu ermitteln. Ein attraktives Aussehen der Sorten und Früchte ist für eine gute Marktchance notwendig. Der Verkaufszeitraum darf sich nur nach dem optimalen geschmacklichen Höhepunkt bei größter Qualität richten. Dazu sind werbemäßige Schwerpunkte über den ausschließlichen Verkauf am Höhepunkt der geschmacklichen Entwicklung zu setzen. Daher kann es nicht über die gesamte Obstverkaufsaison die gleiche Sorte im Angebot geben, sondern das Angebot wird sich auf viele Sorten, die nur relativ kurz zu kaufen sind, erweitern müssen. Ein werbestrategisch aufgebauter nostalgischer Konnex zwischen alten Sorten, dem kurzen Angebotszeitraum einzelner Sorten, der vorzüglichen Diätik und den landschaftsprägenden großkronigen Obstbäumen ist zu setzen (siehe Kap. 4).

ASPEKTE FÜR DIE ZUKUNFT

Für die Produzenten alter Sorten ist die Akzeptanz produktionstechnischer Probleme notwendig. Es muss klar sein, dass alte Sorten einen natürlich späteren Ertragsbeginn als neue Sorten voraussetzen, dass die Früchte auch empfindlicher sein können als neue Sorten. Die Verwendung zumindest mittelstarker Unterlagen und der neuen Erziehungsform SOLAXE sowie das Kennenlernen der Erziehungs- und Schnittprobleme der alten Sorten stellen an die Betriebsführer zwar mittelgroße, aber nicht unüberwindbare Anforderungen. Jeder Obstbauer muss die Handhabung einer neuen Sorte erst lernen, warum dies nicht auch mit alten Sorten?

Für die Auspflanzung alter Sorten sind auch noch Überlegungen hinsichtlich des optimalen Pflanzmaterials zu tätigen. Die Frage der Produktionsrichtung (konventionell oder gleich Bio), der Edelreiserherkunft und damit der Sortenechtheit, des phytosanitären Standes des Pflanzenmaterials und des Pflanz- und Erziehungssystems (davon hängt der Ertragsbeginn, der Ertragsanstieg und die Ertragshöhe ab). Weiters ist die Reifestaffelung, die Lagerdauer, die Sortenwahl und die Lage der Anlage zu überlegen.

Im Rahmen der Partnerschaft Produzent – Handel ist bei den alten Sorten eine entsprechende vertragliche Abnahmegarantie, ein stabiler produktionsanreizender Preis, die Sicherung entsprechender Anbauflächen sowie Erntemengen, eine absatzfördernde und fruchtqualitätsschonende Verpackung, das Sortenanbot im optimalen Verkaufszeitraum, eine produktbezogene und konsumentenansprechende Werbung unter Hinweis auf die diätischen Besonderheiten sowie die Schaffung und Kontrolle eines normierten Gütesiegels für alte Sorten notwendig.

Ein umfassendes Nostalgiesortenmarketing ist also aufzubauen, um die Auspflanzung und den Absatz alter Sorten zu initiieren und zu gewährleisten. Dies bildet die Voraussetzung dafür, dass die alten Sorten auch unseren Nachkommen zur Verfügung stehen werden.

Autoren: H. KEPPEL, B. TRIERWEILER, A. WIEDNER

Weiterführende Literatur

BURIAN K. 1994. Evolution statt Revolution. Alte Obstsorten und Streuobstbau in Österreich, Bedeutung, Schutz und Erhaltung bedrohter Lebensräume. – Grüne Reihe des Bundesministeriums für Umwelt, Band 7.

KEPPEL H., PIEBER K., WEISS J. & HIEBLER A. 1998. Obstbau, Anbau und Verarbeitung, 2. völlig neu bearbeitete Auflage. – Leopold Stocker Verlag, Graz.

TRIERWEILER B., SCHIRMER H. & TAUSCHER B. 2003. Auswirkungen der Warmwasserbehandlung von Äpfeln auf die Lagerfähigkeit im Kälte- und CA-Lager. – Landbauforschung Völkenrode – FAL Agricultural Research 259: 4–53.

7 – BESTIMMUNG ALTER SORTEN

PROBLEME BEI DER BESTIMMUNG

Bei der Beschäftigung mit alten Kernobstsorten stellen zweifelsohne die Sortenbezeichnungen bzw. die korrekte Nomenklatur und Bestimmung derselben eine große Herausforderung dar. Widersprüchliche Beschreibungen bzw. unterschiedliche Charakterisierungsschwerpunkte der verschiedenen Sorten in der Literatur, sei es nun hinsichtlich des Abbildungsmodus oder der verbalen Beurteilung sind für den interessierten Laien oftmals irreführend und wenig zweckmäßig. Außerdem sind viele, vielleicht in der Vergangenheit richtig benutzte Sortennamen von Apfel- und Birnensorten, die heute noch in Hausgärten und Streuobstwiesen kultiviert werden, in Vergessenheit geraten. Heute haben sich teilweise anstelle ehemals richtiger Züchtungsnamen lokale Sortenbezeichnungen, deren Herkunft oft nicht mehr nachzuvollziehen ist (z.B. Türkenapfel für Baumanns Renette) eingebürgert. Die Sorten werden häufig aufgrund gewisser Fruchteigenschaften (z.B. Butterapfel für Klarapfel), nach dem äußeren Erscheinungsbild (z.B. Herzapfel für Roten Herbstkalvill) oder nach bestimmten Verwendungszwecken (z.B. Nikolausapfel für verschiedene leuchtend rot gefärbte kleinere Äpfel, unter anderem Roter Jungfernapfel) benannt. Auch die Zeit der Fruchtreife nahm und nimmt Einfluss auf die lokale Sortenbezeichnung. So werden Birnen, die um den 15. August (großer Frauentag, Maria Himmelfahrt) reif werden, oft als Frauenbirnen bezeichnet.

Für die Erhaltung, die Kultivierung in besonders dafür geeigneten Genbanken (Streuobstwiesen, welche einer ständigen fachmännischen Kontrolle sowie fachkundiger Pflege unterliegen und eine Aufsammlung möglichst vieler verschiedener Sorten darstellen, siehe Kap. 8) und die sortenreine Wiederauspflanzung alter Kernobstsorten ist es jedoch unerlässlich, diese nach klaren Richtlinien zu beschreiben und sie aufgrund pomologischer Nomenklatur richtig zu bezeichnen. Die einheitliche und für jeden nachvollziehbare Charakterisierung und Bezeichnung der verschiedenen Varietäten (Sorten) verhindern so eine unnötige Verunsicherung in einem ohnehin sehr anspruchsvollen Gebiet wie der Pomologie (Obstsortenkunde).

VARIABILITÄT DER FRÜCHTE

Jede Sorte hat, wie es den Sortenbeschreibungen und Bildtafeln des Buches zu entnehmen ist, charakteristische Eigenschaften, die natürlich innerhalb einer gewissen ökologisch physiologischen Bandbreite variieren können. Mit Hilfe dieser Fülle von äußeren und inneren Fruchteigenschaften werden die Sorten charakterisiert. Einerseits stellt die äußere Erscheinungsform der Früchte ein wesentliches Merkmal zur Sortendifferenzierung dar. So fallen als erstes die Fruchtform und -größe, die Ausprägung von Grund- (im reifen Zustand grünlich-gelb) und Deckfarbe (rötliche Farbe auf der Fruchtschale), sowie die Gestaltung von Stiel- und Kelchbucht ins Auge. Gerade die Fruchtfarbe, welche oberflächlich betrachtet häufig als vorrangigstes Bestimmungsmerkmal herangezogen wird, unterliegt aber einer Fülle von Einflüssen, die bei ein und derselben Sorte unterschiedlichste Ausprägungen dieses vermeintlich sicheren Merkmales hervorrufen. So kann der Boden, Anbau- und Kulturmaßnahmen, Behangdichte der Bäume sowie das Klima in den einzelnen Jahren stark modifizierende Einflüsse auf die Farbgebung der Früchte zeigen; z.B. Schattenfrüchte des Kronprinz Rudolf werden kaum oder nur sehr schwach jene verwaschene rote Deckfarbe ausbilden, die bei Sonnenfrüchten, d. h. bei sonnenexponierten Äpfeln, für diese Sorte so charakteristisch ist.

Dies zeigt schon die Notwendigkeit weiterer Kriterien, mit deren Hilfe Sorten möglichst klar zu definieren sind. Längs- und Querschnitte der Früchte bringen Aufschluss über die Form des Kernhauses und der Gefäßbündel, die Kernhauskammergröße und schließlich auch über das Aussehen der Kerne selbst.
Durch Beurteilung von Sorten nach morphologischen (äußeren gestaltsgebundenen) Charakteristika erlangt man eine Reihe von Erkenntnissen, die noch durch weitere organoleptische (Beurteilung von Lebensmitteln mit Hilfe unserer Sinne) Eindrücke zu vervollkommnen sind.

So sind viele Sorten charakteristisch gewürzt (z.B. Roter Herbstkalvill, Lavanttaler Bananenapfel), andere wieder weisen einen unverkennbaren Geruch (Duft) auf (z.B. Weißer Klarapfel). Das Verhältnis zwischen dem Gehalt des Zuckers und der Säuren der verschiedenen Sorten führt dazu, dass Früchte entweder harmonisch (z.B. Kronprinz Rudolf), einseitig süß (z.B. Ilzer Rosenapfel) oder einseitig sauer (z.B. Grünstettiner) schmecken. Einen wesentlichen Teil der organoleptischen Beurteilung stellt auch die Beschaffenheit des Fruchtfleisches dar. So ist zwischen saftig oder trocken, fest, knackig, weich oder mürbe und fein-, mittelfein- oder grobzellig zu unterscheiden.

Die Beurteilung der Farbe des Fruchtfleisches (z.B. rot marmoriert beim Roten Herbstkalvill) schließt die pomologische Charakterisierung ab.

Um eine Kernobstsorte mit Hilfe dieser Fülle an pomologischen Charakteristika und Kriterien zu bewerten und zu bestimmen ist es notwendig eine repräsentative Menge von 10 bis 15 Früchten in diesen Bewertungsablauf einfließen zu lassen. Die mögliche biologische Variabilität der Früchte aufgrund unterschiedlichster Umwelteinflüsse (Boden, Klima, Bearbeitung, Exposition) kann dadurch ausgeglichen werden.

Den größten Einfluss auf die heranreifende Frucht hat neben dem Boden und der Unterlage (Wurzelhals und Wurzelteil, sowie auch der Stamm bei einer Kronenveredlung) eines veredelten Baumes, die für die Holzentwicklung und Nährstoffversorgung der gesamten Krone verantwortlich ist, das Wetter bzw. das Klima, dem das Kernobst während der gesamten Vegetationsperiode ausgesetzt ist.

Schon zu Beginn der Fruchtentwicklung, während der Blütezeit, können durch ungünstige Witterungsverhältnisse die Form und Größe der Früchte des betreffenden Jahres entscheidend beeinflusst werden. Durch Spätfröste kann es bereits in dieser Entwicklungsphase zu Deformationen der Früchte (Frostringe, Frostplatten) kommen, die die Bestimmungsarbeit im Herbst deutlich erschweren. Weiters werden die Früchte durch z.B. eine sehr geringe Behangdichte (wenig Früchte am Baum) um vieles größer oder bleiben durch eine sehr hohe Behangdichte deutlich kleiner als in den Sortenbeschreibungen angegeben, die meist von idealen Früchten, d. h. einem Mittelwert der Fruchtgröße (durchschnittliche Fruchtgröße, die Fruchtgröße wird am größten Querdurchmesser der Frucht gemessen, heute auch schon über das durchschnittliche Einzelfruchtgewicht angegeben) über mehrere Vegetationsperioden, ausgehen.

Aber nicht nur die Behangdichte beeinflusst die Fruchtgröße. Bei übermäßig hohen Niederschlagsmengen oder trockener Hitze können Früchte um vieles kleiner ausfallen als bei optimalen Wuchsbedingungen. Die jeweiligen Witterungsverhältnisse haben nicht nur einen wesentlichen Einfluss auf die Fruchtgröße, sie bestimmen auch die Fruchtfleischfestigkeit, Aromaentwicklung und Ausbildung der Fruchtfarbe.

Neben dem Klima als wohl maßgeblichstem Kriterium für die sortentypische Ausprägung von Früchten sei hier auch noch die jeweilige Fruchtexposition, d. h. die Ausrichtung der Frucht am Baum zur jeweiligen Himmelsrichtung, als Faktor zu nennen. Nordseitige Früchte eines Baumes können wesentlich kleiner ausfallen als jene auf der Südseite, wobei die Deckfarbenausbildung ebenfalls von der Ausrichtung der Frucht am Baum abhängt (z.B. rote „Wange“ des Kronprinz Rudolf auf der der Sonne zugewandten Seite). Ebenso spielt es für die Deckfarbenausbildung eine große Rolle, ob eine Frucht im Inneren der Krone (beschattet) gereift ist oder nicht. Eine Schattenfrucht kann oft nur einen Hauch von roter Deckfärbung aufweisen, wohingegen eine Sonnenfrucht derselben Sorte am selben Baum bis zu 100 % Deckfarbe ausbilden kann.

Da viele Obstanbaugebiete am südöstlichen Alpenrand orographisch (die Ebenheiten und Unebenheiten eines Gebietes betreffend) unterschiedlichste Regionen umspannen (von 300 m Seehöhe bis 1300 m, Kap. 4) ist auch die Beeinflussung des Erscheinungsbildes durch das rauer werdende Klima aufgrund zunehmender Seehöhe bzw. ungünstiger Exposition in höheren Lagen nicht zu vernachlässigen. Früchte, die über 1000 m Seehöhe ausgebildet werden, weisen, wie Früchte die in Nordeuropa wachsen oft eine Streckung der Längsachse auf, d. h. Sorten, die in den Gunstlagen der Ebenen eine eher kugelige plattrunde Form aufweisen, können bei zunehmender Seehöhe hochkugelig bis fassförmig erscheinen. Mit der vermehrten UV-Einstrahlung höherer Lagen nimmt aber auch der Anthocyangehalt in der Fruchtschale zu und die Deckfarbenausbildung wird nicht nur intensiviert, sondern kann bei vereinzelten Sorten auch erst ab einer bestimmten Seehöhe auftreten (FUSSI 2003).

Einen ähnlich großen Einfluss haben Umweltfaktoren auch auf die Ausbildung der sogenannten Berostung an Früchten. Unter Berostung versteht man bräunlich raue Stellen der Fruchtschale, die auf Verkorkungen zurückzuführen sind.

Bei manchen Sorten stellt die Berostung das entscheidende Bestimmungsmerkmal dar und kann als sortentypisch (z.B. Kanada Renette) bezeichnet werden. Die Intensität ihrer Ausprägung kann allerdings sehr unterschiedlich ausfallen.

Zu beachten ist aber auch, dass Berostung beispielsweise durch mechanische Verletzungen (Reibestellen an der Frucht), Mehltaubefall, Rostmilbe, Frosteinwirkungen zur bzw. nach der Blütezeit (Frostringe), zu intensive Sonnenbestrahlung oder falsch gewählte Standorte (Tallagen mit lang anhaltendem Nebel) bei fast jeder Sorte hervorgerufen werden kann (vgl. Kap. 11).

Diese Auswahl an Einflussfaktoren auf die Ausbildung der Früchte hinsichtlich ihrer Bestimmungsmerkmale verdeutlicht wiederum, dass eine große Zahl an Früchten (genügend große Stichprobe, 10 bis 15 Früchte) notwendig ist, um einen repräsentativen Querschnitt über die Eigenschaften einer Sorte während einer Vegetationsperiode zu erhalten. Weiters zeigt sich, dass ein Vergleich mehrerer Sorten nur dann möglich ist, wenn sich alle Früchte in einem nahezu identen Reifezustand befinden. Aus diesem Grund haben wir uns für die Sortenbeschreibung auf den Zeitpunkt der Pflückreife festgelegt, wohl wissend, dass einige Sorten ihr volles Aroma und ihre einzigartigen Tafel- bzw. Wirtschaftsobstqualitäten erst nach längerer Lagerungsperiode erreichen bzw. ihr äußeres Erscheinungsbild sich während der Lagerung verändern kann. Ein anschauliches Beispiel dafür ist die Sorte Steirischer Passamaner, die ihre charakteristischen, in der Literatur beschriebenen Schalenpunkte erst nach längerer Lagerung zeigt (Abb. 7.1).

Abb. 7.1 *Charakteristische Schalenpunkte des Steirischen Passamaner bei Lagerung*

Abb. 7.2 *Gegenüberstellung Aquarell aus* LÖSCHNIG *und Fotografie aus vorliegendem Buch: Beispiel Gravensteiner*

BESTIMMUNGSLITERATUR

In jüngster Zeit sind einige Bestimmungswerke aufgelegt worden, die sich mit alten Kernobstsorten beschäftigen und teilweise auch sehr instruktive Abbildungen und Beschreibung aufweisen. Allerdings zeigen diese Bücher einen jeweils sehr starken regionalen Bezug und sind deshalb in ihrer Form auch nur auf diese Gebiete uneingeschränkt anwendbar. Bei der Beschäftigung mit alten Sorten fällt besonders auf, dass sich viele in nur relativ kleinräumigen Gebieten erhalten haben und so zwischen (sowohl geschichtlich wie auch geografisch) weiter auseinander liegenden Obstbaugebieten (z.B. Steiermark und Südtirol) eine große Diversität bezüglich der die Streuobstwiesen zusammensetzenden alten Kernobstsorten zu beobachten ist. Die Anzahl der Werke, die sich mit alten Obstsorten am südöstlichen Alpenrand beschäftigt, ist spärlich und lückenhaft. Als brauchbar haben sich HARTMANN 2003, SORTENMAPPE 2000, BERNKOPF et al. 1996 erwiesen.

Häufig ist es aber notwendig, dass auf sehr alte Literatur zurückgegriffen wird. Viele Standardwerke zur Sortenbestimmung und -beschreibung stammen aus dem späten 19. Jahrhundert, der Blütezeit der Pomologie, wie die Werke von JAHN et al. 1859–1875, LÖSCHNIG 1946, wobei gerade die Verfügbarkeit dieser alten klassischen pomologischen (obstsortenkundlichen) Abhandlung oft sehr schwierig ist und deren Verwendungsmöglichkeiten aufgrund bibliothekarischer Schutzmaßnahmen zugunsten dieser Werke nur sehr eingeschränkt erfolgen kann. Leider stößt man also beim Versuch der Verwendung älterer Literatur immer wieder auf Hürden bezüglich deren Zugänglichkeit. Pomologische Abhandlungen wie die Zeitschriftensammlung von LÖSCHNIG „Nach der Arbeit“ oder „Deutsche Obstsorten“ sind mit aufwändigen Aquarellen der einzelnen Sorten illustriert und werden sehr detailliert beschrieben. Viele dieser Werke werden in privaten Sammlungen aufbewahrt oder sind als seltene Antiquariatsexemplare erhältlich. Einige wenige befinden sich in verschiedenen öffentlichen Bibliotheken als wertvolle Einzelexemplare unter Verschluss und sind so der Öffentlichkeit oft nur nach großen Mühen oder leider gar nicht zugänglich. Auch das Kopieren einzelner Seiten zu Studienzwecken ist häufig nicht möglich, da diese Bücher bzw. Zeitschriften Schaden nehmen könnten. Die einzige Möglichkeit diese Werke doch zur Sortenidentifizierung heranzuziehen ist das zeitaufwändige Digitalisieren des Bild- und Textmaterials. Da aber gerade diese alten Pomologien Sorteninformationen enthalten, die entscheidende Hinweise auf charakteristische Fruchtmerkmale geben und oft nur mit deren Hilfe eine Bestimmung alter Sorten erfolgreich durchgeführt werden kann, ist man gezwungen, auf diese wohl als Standardwerke zu bezeichnenden Bücher und Zeitschriften zurückzugreifen.

Trotz aller Liebe zum Detail, die in diesen aufwändig verfassten Werken steckt, enthalten sie auch Informationen, die weniger ziel- als eher irreführend sind. So werden vor allem in Beschreibungen aus dem 19. Jahrhundert mögliche Ausfärbungen der Früchte mit so blumigen Farben beschrieben, dass man sich die tatsächliche Form der Ausfärbung bzw. deren Farbnuance heute nicht mehr vorstellen kann. Auch die Beschreibung der inneren Merkmale einer Frucht wurde entweder bis ins letzte Detail, bis hin zur Vermessung des Kernhauses betrieben, andere Merkmale wurden nur vage oder gar nicht berücksichtigt (Verhältnis von Stiel- zu Kelchgrube). Geradezu amüsant sind oft die Beschreibungen der verschiedenen Geschmackseindrücke der unterschiedlichen Sorten, die mit aus dieser Zeit populären Lebensmitteln verglichen wurden. Auch die Gegenüberstellung mit Gerüchen und Substanzen, die sich heute auf Anhieb unter den jeweiligen Bezeichnungen niemand mehr vorstellen kann, ist für die Auseinandersetzung eines gegenwärtigen Pomologen mit seiner nur schwer bestimmbaren Kernobstsorte oft nicht förderlich.

Als Beispiele seien hier Beschreibungen des Fruchtfleisches zweier Apfelsorten zitiert. Über den *Gelben Edelapfel* schreibt OBERDIECK 1881: „Fleisch gelblich weiß, fein, saftreich, von delikatem, gezuckertem Weingeschmacke, dem des Weißen Wintercalvills ähnlich, aber süßer und lieblicher, *wie ein in meiner Gegend gewachsener* Wintercalvill." Ebendieser schreibt über den *Weißen Wintertaffetapfel*: „Fleisch weiß, fein, recht saftreich, *von flüchtig kalmusartigem*, durch milde Weinsäure gehobenem, gezuckertem Geschmack."

Die sehr aufwändig gestalteten Illustrationen der Werke im Aquarellstil aus dieser Zeit bieten bei der Sortenbestimmung zwar einen Anhaltspunkt, es fehlen aber eindeutige Beschreibungskriterien (unsere Beschreibungskriterien siehe unten). Die Aquarelle stellen oft Momentaufnahmen von einzelnen idealisierten Früchten einer Sorte dar, die zwar dem Erscheinungsbild der Sorte in einem bestimmten Klima gerecht werden, aber sicher keinen repräsentativen Querschnitt vieler „natürlich" ausgeprägter Früchte zeigen. Außerdem sind den Abbildungen auch ein gewisses Maß an künstlerischer Freiheit nicht abzusprechen. Beim Vergleich mehrerer Abbildungen der als gleich ausgewiesenen Sorte aus verschiedenen Werken unterschiedlicher Zeitepochen wird sehr schnell deutlich, dass die Früchte auf den Abbildungen durchaus gravierende Unterschiede aufweisen können. Vergleicht man dazu noch Fotografien aus neueren Bestimmungsbüchern wird die Unterschiedlichkeit dieser Bestimmungshilfen augenscheinlich (Abb. 7.2).

Zur Verteidigung dieser oft mehr als 100 Jahre alten Abbildungen sei aber erwähnt, dass das äußere Erscheinungsbild der Früchte aufgrund wechselnder Umweltbedingungen innerhalb dieses Zeitabschnittes unterschiedlichsten Veränderungen unterlag und unterliegt und sich das Aussehen der Früchte ein und derselben Sorte tatsächlich verändert hat.

Unser Buch legt sowohl auf äußere (z.B. Fruchtgröße, -form, -farbe, Kelch- und Stielbucht), innere (z.B. Kernhaus, Gefäßbündel, Kerne) wie auch auf organoleptische (z.B. Geruch, Geschmack, Fruchtfleisch) Charakteristika gleichsam wert. Die Abbildungen zeigen die Frucht sowohl von außen in jeder Variationsmöglichkeit wie auch deren innere morphologische Beschaffenheit. Die verbale Beschreibung beinhaltet alle relevanten Kriterien der Sortencharakterisierung wobei auch hier sehr darauf Bedacht genommen wurde, kein Merkmal bevorzugt hervorzuheben.

Außerdem wurde versucht neben den charakteristischen Sorten des südöstlichen Alpenraums auch deren Besonderheiten in die Beschreibungen aufzunehmen, um ein grundlegendes Bestimmungsbuch für die für den Streuobstbau sehr wichtige Region zu erstellen.

MOLEKULARBIOLOGISCHE CHARAKTERISIERUNG

Trotz dieser Fülle an Bewertungskriterien ist es nicht möglich, alle Sorten mit Hilfe pomologischer Charakteristika zu bestimmen bzw. eindeutig zu beschreiben. Um nun Einheitlichkeit in der Sortenbeschreibung zu erzielen, stehen heute genetische, das Erbgut betreffende Analysemethoden zur Verfügung, mit deren Hilfe eine eindeutige Zuordnung der Sorten über deren Erbsubstanz (DNA) erfolgen kann.

Für die genetische Analyse der alten Kernobstsorten wurde deshalb die Mikrosatellitenanalyse angewandt.

Mikrosatelliten sind kurze Bereiche der DNA (Desoxyribonukleinsäure), die aus sich hintereinander wiederholenden Nukleotideinheiten (Nukleotide sind die Bausteine der DNA) bestehen. Die verschiedenen Sorten zeichnen sich durch unterschiedlich häufige Wiederholungen dieser Nukleotideinheiten aus, was zu spezifischen Mikrosatellitenlängen führt.

Mit Hilfe der PCR (Polymerasekettenreaktion) ist es möglich, aus der gesamten aus Blättern isolierten genomischen (Gesamtheit der in einer Zelle vorhandenen Erbanlagen) DNA diese Mikrosatelliten in großer Zahl zu vervielfältigen und mit einem Farbstoff zu markieren. Anschließend werden diese Bereiche der DNA entsprechend ihrer Länge aufgetrennt und untersucht. Das Ergebnis stellen sogenannte Elektropherogramme dar, die es ermöglichen, den jeweiligen Mikrosatelliten spezifische Längen (in Basenpaaren [bp]) zuzuordnen (Abb. 7.3 und 7.4). Diese dienen der weiteren Auswertung der untersuchten Sorten.

Aufgrund der unterschiedlichen Mikrosatellitenlängen der sich entsprechenden, hier mit gleicher Farbe markierten Bereiche der DNA, lassen sich die Kernobstsorten charakterisieren und voneinander unterscheiden. Für die beiden Sorten Steirischer Maschanzker und Ananasrenette lässt sich das tabellarisch wie folgt darstellen:

Tab. 1 ***Mikrosatellitenlängen in bp (Basenpaare)***

Sortenbezeichnung	**SSR Locus Mikrosatellit 1 blau markiert**	**Mikrosatellit 2 grün markiert**	**Mikrosatellit 3 schwarz markiert**
Steirischer Maschanzker	169:181	249	198:206
Ananasrenette	183	241:249	190:198

Die Tab. 1 zeigt deutlich, dass der Steirische Maschanzker und die Ananasrenette genetisch verschieden sind und andere genetische Einheiten (ev. Sorten) darstellen.

Diese genetische Merkmalskomposition, d. h. die Längen der untersuchten Genorte, dient nicht nur der Charakterisierung bekannter Sorten, sie bildet auch die Grundlage für die Zuordnung unbekannter bzw. nicht bestimmter Kultivare (Sorten, Typen, Klone) zu pomologischen Sortenbezeichnungen. Voraussetzung ist allerdings, dass man die Elektropherogramme gesicherten Referenzsorten (d.h. eindeutig bestimmten Sorten) zuordnen kann (vgl. Kap. 8). Von den hunderten von uns untersuchten Proben konnten 190 Sorten bzw. Varietäten genetisch unterschieden werden. Von diesen waren aber nicht alle noch heute bekannten Sortenbezeichnungen bzw. Referenzsorten zuordenbar. Dafür sind zwei maßgebliche Gründe zu nennen. Auf der einen Seite sind viele richtige Sortennamen, die wohl auf die Zeit Erzherzog Johanns (1782–1859) zurückgehen, in Vergessenheit geraten und durch lokale Bezeichnungen ersetzt worden. Andererseits handelt es sich zum Teil um so genannte Zufallssämlinge, d.h. um zufällig aus Kernen gewachsene und aufgrund ihrer für den jeweiligen Landwirt günstigen Eigenschaften weiter kultivierte Kernobstbäume. Einige der sicher definierten und typischen Sorten sind als Bildtafeln in diesem Buch dargestellt. Für eine genauere Bestimmung sowie das Aufzeigen von Verwandtschaftsverhältnissen werden jetzt rund 15 Mikrosatelliten verwendet.

Die Zielsetzung der genetischen Sortencharakterisierung alter Kernobstbestände umfasst mehrere Bereiche.

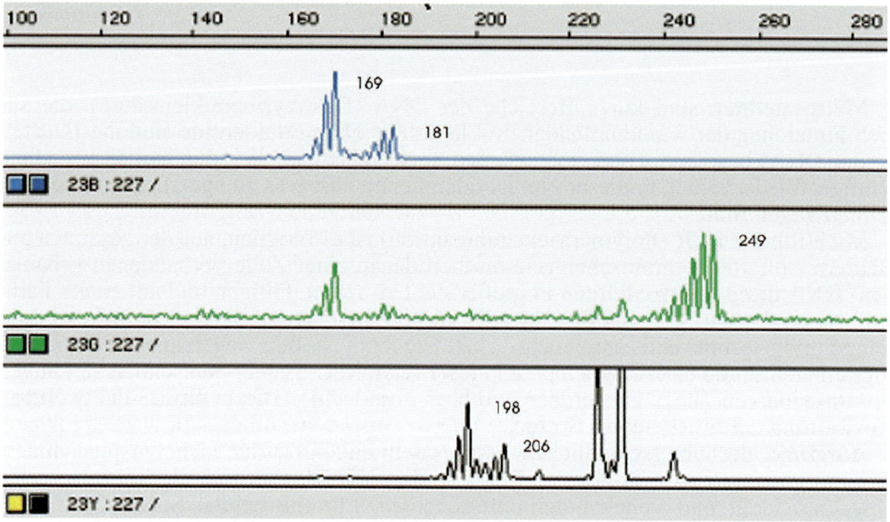

Abb. 7.3 *Elektropherogramm des Steirischen Maschanzkers*

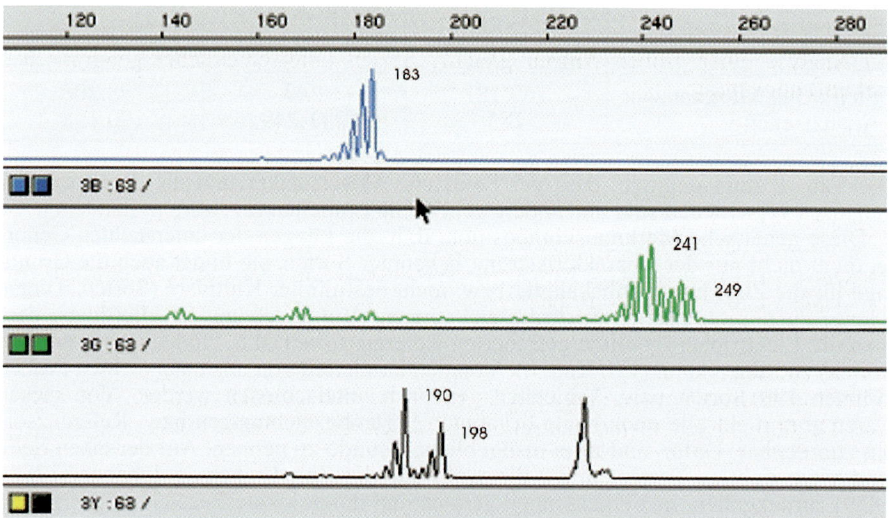

Abb. 7.4 *Elektropherogramm der Ananasrenette*

Zuerst soll ein verlässlicher Überblick über die Diversität dieser Streuobstwiesen bezüglich ihrer Sorten festgestellt werden. Ein weiterer Schritt ist die Bestimmung und Identifikation der Kultivare und deren richtige Bezeichnung mittels pomologischer Sortennamen. Ein drittes und für die Nachhaltigkeit sehr wesentliches Ziel ist die Aufsammlung dieser Sorten und die ex situ Kultivierungen (als Baum ausgepflanzt) in besonders dafür geeigneten Genbanken, über die eine Wiederauspflanzung und Verbreitung dieser Varietäten gefördert und unterstützt wird. Um nun solche Genbanken auch möglichst kostengünstig und effizient zu betreiben, ist es notwendig, deren Sortensortiment in Form von Datenbanken zu verwalten.

Die genetische Merkmalskomposition der jeweiligen Sorten soll ein wesentlicher Bestandteil dieser Datenbanken sein, da über diese neue Aufsammlungen alter Kultivare auf deren Sortenechtheit überprüft und so entsprechend beurteilt werden können ohne auf fruchtmodifizierte Einflüsse wie Witterung, Kulturmaßnahmen, Schädlinge usw. achten zu müssen. Die Basis für ein derartiges Sortenmanagement bilden genetische Untersuchungen, Sortenbeschreibungen nach pomologischen und physiologischen Kriterien, deren gegenseitige Abstimmung und Überprüfung, und schließlich die Festlegung von Referenzsorten.

Die Festlegung solcher Referenzsorten ist mit einem gewissen Aufwand verbunden, da deren Definition nur über eine Abstimmung der genetischen Daten (Mikrosatellitenlängen) mit den Ergebnissen der pomologischen Untersuchungen wie Fruchtfarbe, Berostung udgl. (siehe oben) erfolgen kann. Außerdem ist die Aufsammlung und Analyse einer großen Anzahl gleicher Sorten unterschiedlicher geografischer Herkunft notwendig.

Autoren: St. Monschein, M. Hofer, K. Herbinger, D. Grill

Weiterführende Literatur

Bernkopf H., Keppel H. & Novak R. 1996. Neue alte Obstsorten, 3. Auflage. – Club Niederösterreich, Wien.

Hartmann W. 2003. Farbatlas alte Obstsorten, 2. Auflage. – Verlag Eugen Ulmer, Stuttgart.

Sortenmappe 2000. Verfügbare Obstsorten aus Niederösterreich. 6. Lieferung 11/2000. – Niederösterreichische Landesregierung & Arche Noah.

8 – GENBANKEN UND IHRE BEDEUTUNG

Es gibt fast kein Land in Europa, in dem nicht in den letzten Jahren intensive Anstrengungen unternommen worden sind, im Rahmen von nationalen und teils internationalen Projekten gefährdete alte Obstsorten zu inventarisieren und zu erhalten.
Was sind die Gründe für diese Betriebsamkeit, für diesen Sammlerfleiß? Bei aufmerksamer Beobachtung der Kulturlandschaft ist in vielen Ländern bzw. Regionen feststellbar, dass die Extensivobstflächen in den letzten 40 Jahren in einem besorgniserregenden Ausmaß geschrumpft sind. Allein in Österreich ist in dieser Zeit ein Rückgang der Kernobstbäume um ca. 60 % zu verzeichnen.

Unter den vielen Gründen für diese Entwicklung sind zu nennen: strukturelle Änderungen der landwirtschaftlichen Betriebe, geringe Wertschöpfung durch Preisverfall bei Obst- und Obstprodukten aus dem Extensivanbau, geändertes Konsumverhalten etc.

Ausgeräumte Kulturlandschaften mit kilometerlangen Getreidefeldern ohne einen einzigen Baum sind nicht Orte, wo sich Vielfalt an Flora und Fauna entwickeln kann, sind kein Ziel für den erholungssuchenden Menschen.

Den Anstoß für eine Rückbesinnung auf die früher so sehr geschätzte Vielfalt an Apfel- und Birnensorten, auf die breite Geschmackspalette des Obstes und seiner Produkte (Saft, Schnaps, Obstwein (Most), Dörrobst etc.), aber auch auf die landschafts-ästethische und landschaftsökologische Bedeutung der hochkronigen Obstbäume, gaben verschiedene Natur- und Umweltschutzvereine und enttäuschte Konsumenten.

Mittlerweile gibt es in Deutschland, Österreich, der Schweiz und anderswo viele Gruppierungen, vielfach unterstützt durch die Naturschutzabteilungen der Gemeinden, Bezirke (Kreise) und Bundesländer, die Auspflanzaktionen durchführen und Vermarktungsstrategien für regionalspezifische Obstverarbeitungsprodukte entwickeln.

ARTEN DER SORTENERHALTUNG

Es gibt grundsätzlich zwei Haupterhaltungsarten: Bei der In-situ-Erhaltung werden die Sortenbäume an ihren natürlichen Standorten erhalten. Dies ist ein Vorteil, da viele Sorten teils seit Jahrhunderten auf Kleinklima und Boden des Standortes adaptiert sind. Die markierten Bäume werden von einer zentralen Stelle in Evidenz gehalten. Für die Pflege der Bäume gibt es in einigen Ländern vertraglich festgelegte Prämien. Die Sicherheit der Sortenerhaltung ist meist nur eingeschränkt gegeben.

Bei der Ex-situ-Erhaltung werden die Sorten in eigenen Obstanlagen (Genbanken) erhalten, teils als Hoch- oder Halbstammobstbäume, teils als kleinwüchsige Baumformen (Spalierform etc.), was wiederum Einfluss auf die Lebensdauer der Bäume und den Pflegeaufwand hat.

Darüber hinaus gibt es, vorwiegend in wissenschaftlichen Instituten und bei Züchtungsfirmen, die In-vitro-Erhaltung, wobei die Sorten als kleine Pflänzchen auf künstlichen Nährmedien in Brutschränken konserviert werden.

Die Hauptaufgaben einer Genbank sind:

- Erhebung, Kartierung und Inventarisierung alter Sorten.

- Auswahl der Sorten für die Erhaltung nach Qualitätskriterien und Gefährdungsgrad.
- Entnahme von Edelreisern, Veredelung und Auspflanzung.
- Aufbau und Weitergabe pomologischer Sortenkenntnisse.
- Pomologische, molekularbiologische, eventuell auch verarbeitungstechnologische Beschreibung der Sorten; Dokumentation.
- Organisation und Teilnahme an Obstausstellungen.
- Abgabe von Edelreisern an interessierte Landwirte, Baumschulen, Konsumenten, Hobbygärtner etc.
- Aufbau einer Sortendatenbank.
- Teilnahme an nationalen und internationalen Datenbanken.

STAATLICHE GENBANKEN – PRIVATE GENBANKEN (NGOS)

Europaweit wird die Erhaltung von Obstsorten im überwiegenden Maße von staatlichen bzw. halbstaatlichen Stellen wahrgenommen. In den meisten Fällen sind dies nachgeordnete Dienststellen der Landwirtschaftsministerien, der Landwirtschaftskammern und der Landesämter. Von den neun öffentlichen Obstgenbanken Österreichs gehören drei zu Ministerien, eine zu einer Landwirtschaftskammer, eine zu einem Amt der Landesregierung und vier zu landwirtschaftlichen Fach- und Mittelschulen.

Die Sortenerhaltung in staatlichen Genbanken ist insofern sinnvoll, da dort in der Regel ein großes Maß an Erhaltungssicherheit und obstbaulichen bzw. pomologischen Kenntnissen vorhanden ist. Trotz Sparkurs der öffentlichen Hand ist eine fachgerechte Pflege der Erhaltungsanlagen gegeben.

In den letzten Jahren sind auf privater Ebene (Obstbauvereine, Naturschutzorganisationen etc.) mit viel Engagement häufig kleinere Genbanken entstanden, meist mit Unterstützung der Länder und der EU.

Die primäre Aufgabe der NGOs sollte sein, die für die jeweilige Region typischen und angepassten Sorten zu erheben und in-situ zu erhalten, zu dokumentieren und besonders wertvolle und gefährdete Sorten entweder selbst ex-situ zu erhalten und/oder zusätzlich an die staatlichen Genbanken und an interessierte Baumschulen weiterzugeben.

Die Erhebung, Sammlung und Beschreibung (pomologisch und molekularbiologisch) von Obstsorten wird auch im Rahmen von nationalen, vielfach jedoch internationalen Projekten (z.B. Interreg-Projekte der EU) durchgeführt, wobei öffentliche Förderungen auf nationaler und EU-Ebene in Anspruch genommen werden. Die private Erhaltung von Sorten wird in Österreich meist indirekt über die Erhaltung und Pflege von Streuobstwiesen staatlich gefördert (ÖPUL 2000 für Ländliche Entwicklung). Darüber hinaus fördern die Naturschutzabteilungen der einzelnen Bundesländer die Auspflanzung von Obstbäumen (mindestens Halbstamm) in den bäuerlichen Betrieben. Zwecks besserer Koordination von staatlichen und privaten Genbankinitiativen wurden 1996 in Österreich im Bundesministerium für Land- und Forstwirtschaft, Umwelt und Wasserwirtschaft eine Fachbereichsarbeitsgruppe für Genetische Ressourcen eingerichtet, die vom Bundesamt für Agrarbiologie Linz /jetzt Österreich. Agentur für Gesundheit und Ernährungssicherheit – Abt. Pflanzengenetische Ressourcen in Linz geleitet wurde/wird. Darüber hinaus gibt es eine Arbeitsgruppe für Öffentliche Obstgenbanken Österreichs.

GESETZLICHE UND VERTRAGLICHE GRUNDLAGEN

Bei der Konferenz der Vereinten Nationen über Umwelt und Entwicklung im Jahre 1992 (UNCED) wurde neben anderen auch das „Übereinkommen über die biologische Vielfalt" zur Unterzeichnung aufgelegt. Österreich hat im Bundesgesetzblatt für die Republik Österreich vom 24. März 1995 (67) das „Übereinkommen über die biologische Vielfalt" veröffentlicht.

Am 6.6.2002 signierten u.a. die Mitgliedsländer der EU in Rom den Internationalen „Vertrag über Pflanzengenetische Ressourcen für Ernährung und Landwirtschaft" („International Treaty"). Dieser Vertrag, der bereits bei der 31. FAO-Konferenz am 3.11.2001 verabschiedet wurde, ist 90 Tage nach Hinterlegung der 40. Ratifikationsurkunde, am 29.6.2004, in Kraft getreten. Die Ratifizierung Österreichs erfolgt nach Beschlussfassung des Vertrages im Parlament, was voraussichtlich in Kürze erfolgen wird.

Kernpunkte des International Treaty sind:

- Erfassung, Inventarisierung, Sammlung, Dokumentation, Regeneration, Evaluierung pflanzengenetischer Ressourcen (PGR) für Ernährung und Landwirtschaft, weiters On-farm-Erhaltung, In-situ-Erhaltung von Wildarten und Ex-situ-Erhaltung (Genbanken).
- Maßnahmen zur nachhaltigen Nutzung der PGR.
- Internationale Zusammenarbeit.
- Technische Unterstützung (insbesondere für Entwicklungsländer).
- Rechte der Bauern („Farmer's rights"): Schutz des traditionellen Wissens, gerechte Teilhabe an Vorteilen der Nutzung von PGR, weiters Mitwirkung an Entscheidungen auf nationaler Ebene über PGR.
- Multilaterales System für den Zugang zu den PGR sowie die gerechte Aufteilung der Vorteile aus der Nutzung der PGR („Benefit Sharing"). Dieses System erstreckt sich auf eine Artenliste von 61 Nutzpflanzenarten. Von den Obstarten sind dies: Zitrone, Erdbeere, Apfel und Banane. Für Arten, die nicht in der Liste stehen, ist der Zugang bilateral zu regeln.
- Vertreter der Vertragsstaaten bilden ein Lenkungsorgan, dass die Durchführung des Vertrages fördern soll.
- Die praktische Umsetzung dieses umfangreichen Vertragswerkes auf nationaler Ebene wird besonderer Anstrengungen bedürfen und einige Zeit in Anspruch nehmen.

IPGRI UND ECP/GR

Ein Großteil der europäischen Staaten arbeitet mit dem IPGRI („International Plant Genetic Resources Institute") zusammen und ist Mitglied des ECP/GR („European Cooperative Programme for Crop Genetic Resources Networks"). IPGRI, gegründet 1974, ist das größte internationale Institut, das sich mit 15 Büros rund um die Welt ausschließlich der Erhaltung und Nutzung genetischer Ressourcen widmet.

ECP/GR wurde 1980 unter Beteiligung von u.a. FAO und EUCARPIA („European Association for Research on Plant Breeding") gegründet. ECP/GR wird zur Gänze aus Mitgliedbeiträgen finanziert und wird unter Führung eines Lenkungs-Komitees im Sekretariat von IPGRI koordiniert.

Ziele des ECP/GR sind u.a.: Erleichterung der Langzeiterhaltung in situ und ex situ und Nutzung von PGR in Europa, Förderung der Zusammenarbeit zwischen allen an der Erhaltung Beteiligten inkl. NGOs und privaten Züchtern, Zusammenarbeit mit anderen relevanten regionalen und globalen PGR-Initiativen.

Prioriäten für die Phase VII (2004–2008) sind: Charakterisierung und Evaluierung (Anwendung moderner Technologien), Arbeitsteilung, In-situ- und On-farm-Erhaltung, Dokumentation und Information.

Die Organisation von ECP/GR: An der Spitze steht das Lenkungskomitee bestehend aus den Nationalen Koordinatoren der Mitgliedsländer, Vertretern von FAO, EU etc. Diesem untersteht das Koordinierende Sekretariat, das die Arbeit von sieben Netzwerken (z.B. für Obst, Getreide, Öl- und Eiweißpflanzen etc.) koordiniert. In den Netzwerken sind Arbeitsgruppen installiert. Im Fruit Network gibt es z.B. drei Working Groups (für *Malus/Pyrus, Prunus* und *Vitis*). Die Nationalen Koordinatoren, häufig Mitarbeiter von Ministerien, nominieren je einen fachlich kompetenten Vertreter für die Arbeitsgruppen. Die Aufgabe der Arbeitsgruppen liegt darin, die Erhaltung, Charakterisierung und Dokumentation der PGR auf europäischem Niveau zu fördern, wobei dem Aufbau von zentralen europäischen Datenbanken („European Crop Databases") eine wichtige Rolle zukommt. Weiters werden alle paar Jahre mehrtägige Meetings (für *Malus/Pyrus* zuletzt im Mai 2002 in Dresden/Pillnitz) abgehalten.

Die vielfältigen staatlichen und privaten Genbankaktivitäten erfordern Geld, geistigen und körperlichen Einsatz, aber auch Begeisterung und Idealismus. Um Ressourcen zu sparen und Kräfte zu bündeln wird zukünftig auf nationaler und europäischer Ebene mehr Koordination und Arbeitsteilung erforderlich sein. Nur so wird es möglich sein, möglichst viel wertvolles Erbgut von Obstgehölzen zum Wohle und Nutzen zukünftiger Generationen zu sichern.

Autor: S. Bernkopf

9 – VERWENDUNG DES OBSTES

ALLGEMEINE ASPEKTE

Obst wurde ursprünglich frisch genossen, später dann gelagert und schließlich verarbeitet. Verarbeitet stand es ungegoren als Saft, vergoren als Wein (Most) und weiter vergoren als Essig zur Verfügung. Wurde das vergorene Produkt destilliert diente der gewonnene Alkohol medizinischen Zwecken – als Lösungsmittel für heilende Stoffe – oder war in Form des Branntweines (Schnaps) ein berauschendes Erlebensmittel. Es wurden auch frische Früchte in Alkohol eingelegt, um sie so vor dem Verderb zu schützen. Getrocknete Früchte (Dörrobst oder Kletzen) waren bei richtiger Lagerung lange Zeit haltbar, fanden aber auch vermahlen als Süßungsmittel (z.B. Birnenmehl) Verwendung. Einst – als hochwertiges Lebensmittel und heute – auch als Erlebensmittel.

TAFELOBST

Es stammt heute fast ausschließlich aus dem plantagenmäßigen Intensivanbau. Gekennzeichnet ist dieser Anbau durch hohe Pflanzdichten (durchschnittlich 3.000 bis 3.500 Bäume je Hektar) und niedrige Baumformen (Spindel) auf schwach wachsender Veredlungsunterlage. Diese Bäume bringen früh hohe und gleichmäßige Erträge hoher Qualität. Die intensive Pflege geschieht zum Großteil vom Boden aus, viele Arbeitsgänge sind mechanisierbar. Das für den Rohgenuss bestimmte Obst wurde und wird meist händisch geerntet. Soll Kernobst gelagert werden, wird es nach der Feststellung des richtigen Erntezeitpunktes (Physiologische Reife) in Pflückhilfen (Umhängtuch, Körbe, Kübel...) geerntet, in Obststeigen oder Großkisten gegeben, sortiert und eingelagert. Die Obstlagerräume müssen kühl und gut lüftbar sein sowie eine ausreichende Luftfeuchtigkeit aufweisen. Im klassischen Obstkeller mit offenem Boden wurden die Früchte, vor allem Äpfel, in Stellagen auf Farnkraut gelegt. Dadurch wurde Ungeziefer abgehalten und Verdorbenes konnte leicht erkannt und entfernt werden. Später lagerte man das Obst in Kühlräumen mit Luftbefeuchtung. Heute ermöglichen Kühlhäuser mit kontrollierter Atmosphäre die Lagerung „baum- bzw. pflückfrischer“ Äpfel moderner Sorten bis hin zur nächsten Ernte. Ob und welche „alte“ Kernobstsorten als Frischware verkauft werden könnten, ob sie in modernen Anbauformen kultiviert und auch gut gelagert werden können, wird in den nächsten Jahren noch näher untersucht werden (vgl. Kap. 6). Tafeläpfel und Tafelbirnen müssen jedenfalls der Qualitätsklassenverordnung entsprechend sortiert, verpackt und gekennzeichnet vermarktet werden.

BÄUERLICHE OBSTVERARBEITUNG

Bei der „bäuerlichen Obstverarbeitung“ erfolgt die Erzeugung von Obstprodukten durch den Bauern für den Letztverbraucher, wobei die dazu verwendeten Rohstoffe aus der eigenen Produktion stammen. Die Fertigerzeugnisse werden fast ausschließlich vermarktet, nur ein geringer Prozentsatz dient dem Eigenverbrauch. In der „häuslichen Obstverarbeitung“ wird hingegen ausschließlich für den Eigenbedarf produziert. Bei den bäuerlichen Obstverarbeitungsprodukten schätzt der Konsument die Produktvielfalt und Regionalität, die seinem Individualitätsbewusstsein entgegenkommen. Der gewaltige Strukturwandel in der Landwirtschaft hat deutliche Spuren auch in der bäuerlichen Obstverarbeitung hinterlassen. Die Suche nach Einkommensalternativen, unterstützt durch teils beträchtliche Förderungsmaßnahmen, hat das Angebot an bäuerlichen Obstverarbeitungsprodukten in den letzten Jahren stark ansteigen lassen. Die daraus folgende Konkurrenzsituation, insbesonders bei Gewerbe und Industrie, führte zu einer grundlegenden Änderung der gesetzlichen Rahmenbedingungen. Eine Vielzahl von Gesetzen und Verordnungen wurde novelliert beziehungsweise auf die neuen Gegebenheiten abgestimmt: Weingesetz, Alkohohsteuer- und Monopolgesetz, Lebensmittelcodex, Gewerbeordnung, Hygieneverordnung, Lebensmittelkennzeichnungsverordnung, Fertigpackungsverordnung, Buschenschankgesetz (Landesgesetz) ..... um nur die wichtigsten zu nennen. Daraus resultiert eine Vielzahl von Kontrollen durch Gewerbebehörde, Lebensmittelpolizei, Kellereiinspektion, Finanzamt, Zollamt, Eichamt .....

ROHSTOFFBASIS

In der bäuerlichen Obstverarbeitung werden vornehmlich in der Region übliche Obstarten und -sorten verarbeitet. Der verarbeitende Bauer hat den direkten Einfluss auf Frische, Reife und Gesundheitszustand des Ausgangsmaterials. Streuobstanlagen bestimmen seit Jahrhunderten die Kulturlandschaft weiter Teile des Alpenraumes. Dabei handelt es sich hauptsächlich um großkronige, hochstämmige, landschaftgestaltende Obstbäume, wobei die Kernobstarten Apfel und Birne dominieren. In früheren Jahren war diese Form des Obstbaues für die Eigenversorgung aber auch für die Belieferung des Marktes, besonders in der näheren Umgebung, wichtig. Mit der Intensivierung der Landwirtschaft verloren diese Obstbäume an Bedeutung und wurden, vor allem im ebenen, maschinengerechten Gelände und auf fruchtbaren Böden, gerodet. Die Landschaft wurde ausgeräumt, größere zusammenhängende Acker- oder Grünlandflächen entstanden. Streuobstbestände weisen hinsichtlich Obstart und Obstsorte eine sehr große Vielfalt auf. Sie sind wertvolle Genbanken und von großem landeskulturellem Wert. Es gibt im Alpenraum die unterschiedlichsten Kulturlandschaftsprogramme und die unterschiedlichsten Förderungsansätze, die die Erhaltung oder – wo nötig – die Wiedererrichtung von Streuobstbeständen zum Ziel haben. Aber erst durch ihre Nutzung als Lieferant von Rohstoffen zur Erzeugung regionstypischer Produkte erhielten sie auch einen direkten wirtschaftlichen Wert und eine nachhaltige Überlebenschance. In den letzten Jahren befassen sich auch Betreiber von Intensivobstanlagen in zunehmendem Maße mit der Herstellung von Obstverarbeitungsprodukten. Teils stellen sie die Erzeugnisse selbst her, teils machen das Lohnverarbeitungsbetriebe. Die Obstarten und -sorten sind meist „uniform-international" und nicht „vielfältig-regional".

TECHNISCHE EINRICHTUNGEN

Die technischen Einrichtungen erfordern einen hohen Kapitaleinsatz. Qualitativ unterscheidet sich die Betriebsausstattung nicht von den großen Industriebetrieben, die Anlagen sind nur kleiner. Deshalb bilden sich oft regionale Erzeugergemeinschaften, die den überbetrieblichen Einsatz von Maschinen und Geräten, aber auch die gemeinsame Bewältigung einzelner Verarbeitungsschritte zur Erhöhung der Wirtschaftlichkeit zum Ziel haben. Dies findet besonders dort Anwendung, wo es sich um sehr teure, leistungsfähige Einrichtungen handelt, die nur kurze Zeit gebraucht werden oder die leicht transportierbar sind. Als Beispiel seien hier mechanische Erntehilfen (Schüttler, Aufklaubmaschinen) oder Flaschenwasch- und Abfüllanlagen genannt. In manchen Fällen wird auch die Leistung von Gewerbebetrieben, wie bei der Herstellung von Obstschaumwein (gewerbliche Versektung des im bäuerlichen Betrieb selbst hergestellten Obstweines), in Anspruch genommen.

QUALITÄTSSICHERUNG

Wie in allen Bereichen der Produktion hat auch in der bäuerlichen Obstverarbeitung eine gesicherte Qualität höchste Priorität. Sie wird ganz wesentlich durch die Rohwarenqualität beeinflusst. Und hier hat der bäuerliche Obstverarbeiter, der zugleich auch den Rohstoff Obst erzeugt, seinen enormen Wettbewerbsvorteil zu nützen: Beste Endprodukte sind nur aus bestem Rohstoff möglich. Alle Verarbeitungsschritte können selbst kontrolliert und beeinflusst werden: Einerseits werden so die betriebsinternen Standards aufrecht erhalten und andererseits den gesetzlichen Bestimmungen entsprochen. Jeder Produzent führt einfache Untersuchungen selbst durch und macht Aufzeichnungen über die Produktionsabläufe – unter besonderer Beachtung der „kritischen Punkte". Darüber hinaus bedient er sich aber auch einer externen Qualitätskontrolle. Möglichkeit dazu findet er in den regionalen Untersuchungslabors und bei regionalen und überregionalen sensorischen Bewertungen (Verkostungen). Basis für ein geeignetes Qualitätsmanagement ist jedoch eine solide Grundausbildung und die laufende Weiterbildung der Bauern. In speziellen theoretischen und praktischen Kursen sowie in Arbeitsgesprächen wird das nötige Fachwissen vermittelt. In manchen Regionen werden deshalb spezielle Baum- und Kellerwartekurse angeboten, die von interessierten Bauern auch gerne angenommen werden (Abb. 9.1, 9.2).

BÄUERLICHE OBSTVERARBEITUNGSPRODUKTE

Obstverarbeitungsprodukte werden seit alters her in bäuerlichen Betrieben erzeugt und konsumiert. Mit dem zunehmenden Lebensstandard, mit dem steigenden Wunsch des Konsumenten nach Vielfalt, Ursprünglichkeit, Nachvollziehbarkeit, mit dem Wunsch nach „Nähe zum Produkt", haben sich bäuerliche Erzeugnisse zu Konsumgütern entwickelt. Sie sind aber nie zur „Massenware" geworden, vielmehr sind sie immer noch „Spezialitäten" – meist auch höherpreisig – geblieben. Neben den „klassischen" Produkten gibt es solche, die aufgrund der hohen technischen Aufwendungen zu hohe Investitionskosten voraussetzen würden oder solche, die gewerberechtliche Voraussetzungen haben, die der Bauer üblicherweise nicht erfüllt. Von der großen Zahl an möglichen Obstverarbeitungsprodukten werden im Folgenden nur jene aufgezeigt, die für die bäuerliche Produktion in Betracht kommen.

Fruchtsäfte sind zum unmittelbaren Genuss bestimmte alkoholfreie Erzeugnisse, die der Bauer aus frischen Früchten direkt, also nicht über den Umweg Konzentrat, herstellt. Es gibt sie „klar" oder „naturtrüb", als Sortengemisch oder sortenrein. Den Hauptanteil haben die Apfelsäfte. Neben sortenreinen Fruchtsäften sind aber auch Marktnischenprodukte wie Mischfruchtsäfte, zum Beispiel Apfel/Holunder gefragt. Qualitativ hochwertige Fruchtsäfte, und diese erleben in jüngster Zeit einen wahren Boom, werden am stärksten in der gehobenen Gastronomie und vom gesundheitsbewussten Privatkunden nachgefragt. Industrie und Gewerbe reagieren bereits auf die

Abb. 9. 1 *Neben der Analytik ist die Sensorik (Sinnenprüfung) von großer Wichtigkeit. Harmonie, Fehlerfreiheit, Aromaintensität und verschiedene andere Produkteigenschaften stellt am besten der geschulte Koster fest*

Abb. 9. 2 *Qualität braucht Kontrolle: Alle Verarbeitungsschritte sollen kontrolliert und dokumentiert sein. Wichtige Hilfestellung geben nicht nur Beratungslabors, auch eigene Untersuchungen können dabei sehr wertvoll sein*

neue Konkurrenzsituation durch die Erfolge der bäuerlichen Obstverarbeitung, insbesondere im Bereich der naturtrüben und direkt gepressten Fruchtsäfte.

Obstweine werden durch begonnene oder vollendete alkoholische Gärung des Saftes oder der Maische von frischem Obst hergestellt. Bäuerliche Erzeugung bedient sich nicht des Weges über das Konzentrat. In Österreich wird Obstwein aus Kernobst in verschiedenen Regionen auch als „Obstmost“ oder „Most“ bezeichnet, meist mit dem Voranstellen der Obstart, also zum Beispiel „Apfelmost“. Weine aus Stein- oder Beerenobst werden als solche bezeichnet, zum Beispiel „Ribiselwein“ für einen Wein aus Johannisbeeren (österr. Ribisel). Sind mehrere Obstarten in einem solchen Getränk gemischt, trägt dieses die Bezeichnung „Fruchtwein“. Daneben können auch Getränke wie Obstdessertwein, aromatisierter Obstwein (z.B. Obstwermut) und aromatisiertes obstweinhältiges Getränk (z.B. Glühmost) und Zider (Cider, Cidre) hergestellt werden. Letzterer ist ein Gemenge aus Fruchtsaft mit Obstwein derselben Obstartgruppe, mit oder ohne Kohlensäure. Obst- bzw. Fruchtschaumweine kann ein Bauer ebenfalls als „selbsterzeugt“ in Verkehr setzen: Er produziert den Grundwein und lässt diesen in einem Gewerbebetrieb „versekten“. Diese zuletzt aufgezählten Produkte haben jedoch nur geringe wirtschaftliche Bedeutung.

Destillate zeigen wohl am anschaulichsten die Vielfalt bäuerlicher Obstverarbeitung. Praktisch alle Obstarten einschließlich des Wildobstes werden vergoren, meist als Maische, manchmal auch als Saft, destilliert und nach Trinkfertigmachung und entsprechender Lagerung zum Verkauf angeboten. Aber auch Pressrückstände (Trester) werden vergoren und ebenso wie Geläger (Hefe resp. Gärungstrub) destilliert. Der Bauer übt ein seit Jahrhunderten geltendes Brennrecht, das sogenannte „Abfindungsbrennen“ aus. Er „brennt“ (destilliert) „selbstgewonnene Stoffe“ (z.B. Obst), hat pauschalierte Ausbeutesätze, die mit einem verminderten Alkoholsteuersatz belegt sind und darf die so gewonnenen Fruchtbrände eingeschränkt im Inland verkaufen. Bäuerliche Obstverarbeiter stellen üblicherweise 100 % Destillate (Qualitätsfruchtbrände) her. Unter Verwendung von unter Abfindung hergestelltem Alkohol können sie aber auch „Beerenobstbrände“ (100 kg frische Beeren in 20 Liter Reinalkohol eingemaischt und abdestilliert), Fruchtliköre und Ansätze herstellen. Die hergestellten Mengen an Qualitätsbränden sind in den letzten Jahren enorm gestiegen, der Preis kommt allmählich unter Druck. Bei den Likören werden die unterschiedlichsten Variationen, meist von findigen Bäuerinnen kreiert und finden bei Spezialitätenliebhabern leicht Absatz (Abb. 9.3).

Sonstige bäuerliche Obstverarbeitungsprodukte haben nur untergeordnete Bedeutung, wenn sie auch für einzelne Betriebe eine gute Einnahmsquelle darstellen. Es handelt sich dabei um Essig (hauptsächlich Apfelessig, aber auch Essig aus oder mit Beerenobst, Steinobst, mit Kräutern oder Gewürzen), Trockenobst (Dörrobst), Kompotte, Konfitüren (Marmelade), Fruchtsirupe, eingelegte und dekorative Früchte.

VERMARKTUNG

Bäuerliche Obstverarbeitungsprodukte sind Klassiker der Direktvermarktung. Dabei ist nicht die Zustellung der Erzeugnisse im Vordergrund, sondern die Abholung durch den Konsumenten, der sogenannte Ab-Hof-Verkauf. Bei den Konsumenten handelt es sich um Ökos, Heimatverbundene, Feinschmecker und jene Gäste, die eine regionale Kost besonders schätzen. Es ist der persönliche Bezug zum Produkt, zum Produzenten, zum Produktionsstandort, der wichtig ist und Kaufanreiz bietet. Der Versorgungsausflug zum Bauern soll nicht Abenteuer sein, sondern Erlebnis im besten Sinne des Wortes. Die Erwartungen der Konsumenten sind hoch, das bedeutet für den bäuerlichen Obstverarbeiter eine hohe Verantwortung und viel Fachwissen bei der Herstellung der Produkte (über Probleme der kommerziellen Vermarktung siehe Kap. 6).

Eine besondere Form des Ab-Hof-Verkaufes ist der Bäuerliche Buschenschank: Zahlreiche Bauern im Alpenraum erzeugen vorzügliche Veredlungsprodukte wie Fleischwaren (Speck, Geselchtes, Wurstwaren), Milchprodukte (Butter, Käse, Aufstriche), aber auch Brot. Das Buschenschankrecht gibt ihnen die Möglichkeit, zum selbst erzeugten Obstwein auch selbst erzeugte Fruchtsäfte und (selbst erzeugte) kalte Speisen (Jause) zu verabreichen. Diese Form der Direktvermarktung stellt über die Umwegrentabilität auch für den Tourismus einer Region eine große Bereicherung dar: Themenwanderwege entstehen, Schauhöfe werden besucht, traditionelle bäuerliche Kulturgüter werden erhalten, gesammelt, ausgestellt. Die Gastronomie baut regionale Produkte in Küche und Keller ein. Die Region wird unterscheidbar, sie zeigt ihre Stärken in angenehmster Weise (Abb. 9.4).

Autor: H. GARTNER

Weiterführende Literatur

FISCHERAUER A., GARTNER H., GÖSSINGER M., INNERHOFER G., LUKAS W., QUENDLER S., SÄMANN H., VERTES T., VOGL K., WOGOWITSCH CH. & ZENI U. 2003. Qualitätshandbuch für die bäuerliche Obstverarbeitung. – Österreichischer Agrarverlag, Wien.

INNERHOFER G. 2002. Marmeladen, Konfitüren und Gelees. – Leopold Stocker Verlag, Graz.

JANOVSKY R. & LUKAS W. 1995. Obstmost – Fruchtsäfte – Obstbrände. – Österreichischer Agrarverlag, Klosterneuburg.

KEPPEL H., PIEBER K., WEISS J. & HIEBLER A. 1991. Obstbau – Anbau und Verarbeitung. – Leopold Stocker Verlag, Graz.

Abb. 9.3 *"Einmalig - vielfältig" wie die Kulturlandschaft und die Menschen, die dort wohnen, sind die Produkte, die diese herstellen und als "Er - Lebensmittel" anbieten*

Abb. 9.4 *Beim Mostheurigen (Mostschänke), von links nach rechts: K. Herbinger, St. Monschein, K. Fauland, D. Grill, H. Gartner, H. Keppel*

10 – BEDEUTUNG DER INHALTSSTOFFE VON FRÜCHTEN FÜR DIE GESUNDHEIT

Das englische Sprichwort „An apple a day keeps the doctor away“ (Jeden Tag einen Apfel und man braucht keinen Arzt) ist allgemein bekannt und deutet auf einen engen Zusammenhang zwischen Ernährung und Gesundheit hin. Denn in der Tat enthalten Äpfel, aber auch Birnen, viele wichtige Inhaltsstoffe, die von großer gesundheitlicher Relevanz sind und so einen gesunden Snack für zwischendurch darstellen. Auch angesichts der großen Sorten- und Geschmacksvielfalt, die vor allem im Streuobstbau gegeben ist, ist es kein Wunder, dass Kernobst zu den Bestsellern unter den Früchten zählt.

BALLASTSTOFFE

Neben einem hohen Anteil an Wasser von ca. 85 % und einem geringen Anteil an Eiweißen und Fetten (v.a. Wachsen), beinhalten Äpfel und Birnen einen hohen Anteil an Ballaststoffen wie Zellulose, Hemizellulose und Pektine aber auch Lignin (Holzstoff) (Tab. 1). Alle diese Stoffe sind in der Zellwand der Äpfel und Birnen enthalten und verleihen ihr die Festigkeit. Die Früchte enthalten kein Cholesterol! Ballaststoffe sind Bestandteile der Nahrung, die nicht vom menschlichen Verdauungssystem abgebaut werden können. Sie sind für den menschlichen Körper nicht lebensnotwendig, jedoch auch kein unnötiger Ballast, da sie meist bei der Verdauung fördernd wirken. Durch ein gutes Wasserbindevermögen und die daraus resultierende Quellung im Darm wird die Menge des Nahrungsbreis deutlich erhöht, und die Darmbewegungen werden dadurch verstärkt angeregt. Zusätzlich werden schleimhautreizende und giftige Stoffe durch die Ballaststoffe adsorbiert und aus dem Körper befördert. Gut untersucht ist auch der cholesterinsenkende Effekt von Ballaststoffen. Ballaststoffe (v.a. Pektine) binden im Darm die Gallensäure, die für Verdauungsprozesse aus dem im Blut vorkommenden Cholesterin produziert wird. Sind Ballaststoffe an die Gallensäure gebunden, kann diese nicht mehr vom Körper aufgenommen werden und wird über den Dickdarm ausgeschieden. Folglich muss die Leber vermehrt neue Gallensäure aus dem körpereigenen Cholesterin bilden, was ein Sinken des Blutfettspiegels mit sich führt.

VITAMINE UND MINERALSTOFFE

Äpfel und Birnen sind auch reich an Vitaminen, die der menschliche Körper nicht produzieren kann und daher durch die Nahrung aufnehmen muss. Kernobstsorten enthalten neben Vitamin A, E und solchen des B-Komplexes vor allem Vitamin C (Tab. 1), das vor allem im Schalenbereich zu finden ist. Jedoch schwankt von Sorte zu Sorte der Gehalt an Vitamin C stark. In mehreren Untersuchungen wurde herausgefunden, dass gerade alte Apfelsorten einen hohen Gehalt an Vitamin C aufweisen. So besitzen die Sorten Berlepsch, Ontario und Wintergoldparmäne zwei- bis dreimal so viel Vitamin C wie die Intensivobstsorte Golden Delicious. Beim Vitamin-C-Gehalt spielen aber neben der Sorte auch der Reifegrad, die Anbaubedingungen (Boden, Klima, Düngung, Sonnen- und Schattenkrone) und die Lagerzeit eine große Rolle. So verlieren die Früchte bei längerer oder falscher Lagerung einen Teil ihrer Vitamine und des Vitaminsgehaltes, die dann dem menschlichen Organismus nicht mehr zur Verfügung stehen.

Neben Vitaminen enthalten Äpfel und Birnen auch ein ausgewogenes Verhältnis an Mineralstoffen (Calcium, Chlor, Kalium, Magnesium, Natrium, Phosphor) und Spurenelementen (wie Eisen, Bor, Silizium, Mangan, Zink, Kupfer, Fluor, Jod, Selen und Molybdän), welche rund 0,33 % des Frischgewichtes betragen können. Nitrat ist nur in äußerst geringen Mengen nachweisbar.

Tab 1. ***Inhaltsstoffe von Äpfeln und Birnen***

100 g frische Frucht enthalten durchschnittlich		
	Äpfel	**Birnen**
Wasser	85 g	85 g
Energie	50/220 kcal/kJ	50/220 kcal/kJ
Eiweiß	0,3 g	0,5 g
Fett	0,4 g	0,3 g
Zucker	~12 g	~ 13 g
Säure	~ 8 g	~ 3,5 g
Polyphenole	0,1 – 1,5 g	k.A.
Ballaststoffe	1 g	1,8 g
Vitamin C	~ 12 mg	~ 4 mg
Vitamin E	0,5 mg	0,4 mg
Vitamin B1	0,04 mg	0,03 mg
Vitamin B2	0,03 mg	0,04 mg
Vitamin B5	0,3 mg	0,2 mg
Vitamin B6	0,1 mg	0,02 mg
Vitamin H	0,0035 mg	0,003 mg
Kalium	140 mg	130 mg
Kalzium	8 mg	15 mg
Magnesium	5 mg	10 mg
Phosphor	13 mg	12 mg
Eisen	0,4 mg	0,3 mg
Spurenelemente	~ 1,1 mg	~ 1,0 mg
Mineralstoffe und Spurenelemente	~ 152 mg	~ 150 mg

ZUCKER UND SÄUREN

Für den geschmacklichen Gesamteindruck einer Apfel- oder Birnensorte sind aber in erster Linie der Zucker-, Säuregehalt und der Gehalt an phenolischen Komponenten verantwortlich. Je nach dem Zucker-Säure-Verhältnis kann eine Sorte organoleptisch als süß, harmonisch oder säuerlich (Abb. 10.1) eingestuft werden.

Den Hauptteil an Feststoffen von Kernobst stellen die freien Zucker dar (12 % des essbaren Anteiles der Frucht). Sie bestehen hauptsächlich aus den Hexosen Glucose (Traubenzucker) und Fructose (Fruchtzucker) und aus unterschiedlich großen Mengen an Saccharose (Rohrzucker), wobei die Äpfel etwas höhere Mengen aufweisen als Birnen. Kennzeichnend für eine Sorte ist das Verhältnis von Glucose zu Fructose, wobei in Kernobst der Regel nach die Fructose über die Glucose dominiert (vgl. Beeren- und Steinobst 1:1). Mehrfachzucker (Poly- oder Oligosaccharide) kommen zum Teil als Bestandteile der Ballaststoffe und in Verbindung mit anderen Inhaltsstoffen

(Glykoside) vor. In Äpfel und Birnen kommen auch Zuckeralkohole vor, wobei der häufigste davon das Sorbit ist, dem eine laxierende (abführende) Wirkung nachgesagt wird und dessen Gehalt bei Birnen etwas höher als bei Äpfeln ist (Tab. 2). Auch die Stärke, die einen hohen Bestandteil in unreifen Äpfeln ausmacht, zählt zu den Polysacchariden (Vielfachzucker) und ist aus vielen Glucosemolekülen zusammengesetzt. In der Regel nimmt der Gehalt von Fructose und Saccharose bis zur Ernte ständig zu (Abb. 10.2) im Gegensatz dazu nimmt der Wert an Sorbitol, Stärke und Glucose ab. Die Stärke wird dann bis zur Ernte abgebaut und in einfache Zucker umgewandelt. Während der Reife nimmt der Gehalt aller Zucker zu. Die genussreifen Früchte enthalten deswegen sehr wenig oder überhaupt keine Stärke. Für die Einlagerung müssen Früchte aber einen bestimmten Anteil an Stärke besitzen. Viele Studien rund um den Apfel haben gezeigt, dass Sorte und Lagerung die Zuckergehalte beeinflussen. Mit der Lagerung von Früchten nimmt der Gehalt an Zucker und Fruchtsäuren ab. Das passiert auch, wenn die Früchte an den Bäumen überreifen (Abb. 10.2). Ein hoher Anteil an Fruchtzucker fördert die Konzentration und sorgt für einen ausgeglichenen Blutzuckerhaushalt, was nach Ansicht mancher Autoren eine wichtige Voraussetzung für einen ausgeglichenen Schlaf ist. Zu den Sorten, die einen höheren Zuckergehalt aufweisen, zählen z.B. Steirische Schafnase, Lavanttaler Bananenapfel, Ilzer Rosenapfel und Baumanns Renette. Weiters wurde bei Untersuchungen herausgefunden, dass vor allem Mostbirnen einen hohen Zuckergehalt besitzen.

Zu den in Kernobst am häufigsten vorkommenden Fruchtsäuren zählen die Apfel-, Zitronen-, Fumar-, Bernstein-, Shikimi- und Chinasäure. In Äpfeln und vor allem in Wirtschaftsbirnen ist in der Regel der Gehalt an Apfelsäure höher als der an Zitronensäure. Edelbirnen weisen einen relativ geringen Säuregehalt auf und schmecken deshalb süßer als Äpfel. Auch beim Säuregehalt ist eine Abnahme in der Reifezeit und besonders beim Lagern bekannt. Werden Fruchtsäuren regelmäßig durch den Verzehr von Kernobst aufgenommen, können sie als effektive Vorbeuger zahlreicher Alltagsbeschwerden und Krankheiten wirken. Zum Beispiel arbeiten Fruchtsäuren als „biologische Zahnbürsten", erfrischen, regen die Verdauungssäfte an und wirken obendrein Schleim lösend.

Tab. 2 ***Durchschnittliche Gehalte an Säuren, Zucker und Sorbitol in Äpfeln und Birnen***

	Apfel	Birne
Gesamtsäuren (mg/100g)	940	345
Apfelsäure (mg/100g)	886	271
Citronensäure (mg/100g)	50	70
Gesamtzucker (g/100g)	13	7,5
Glucose (g/100g)	1,7	1,0
Fructose (g/100g)	6,7	4,0
Saccharose (g/100g)	3,6	0,7
Sorbitol (g/100g)	1,2	1,7

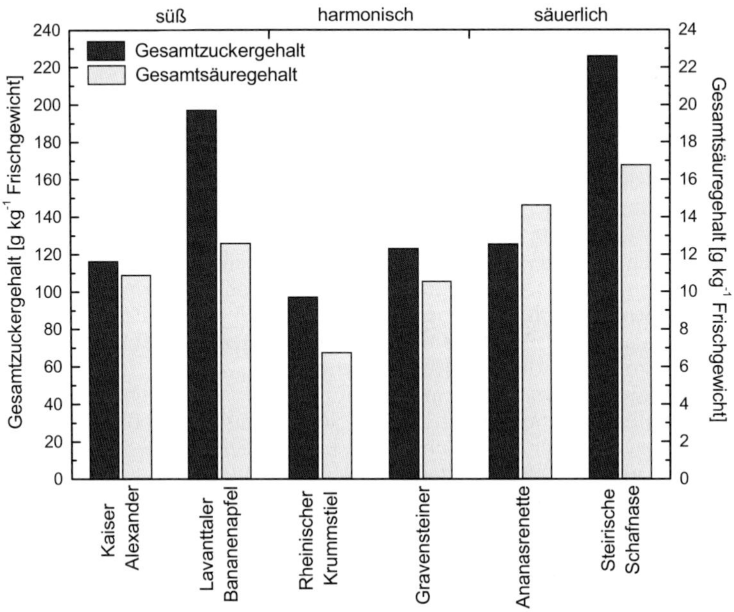

Abb. 10.1 *Zucker- und Säuregehalt süß, harmonisch und säuerlich schmeckender Äpfel*

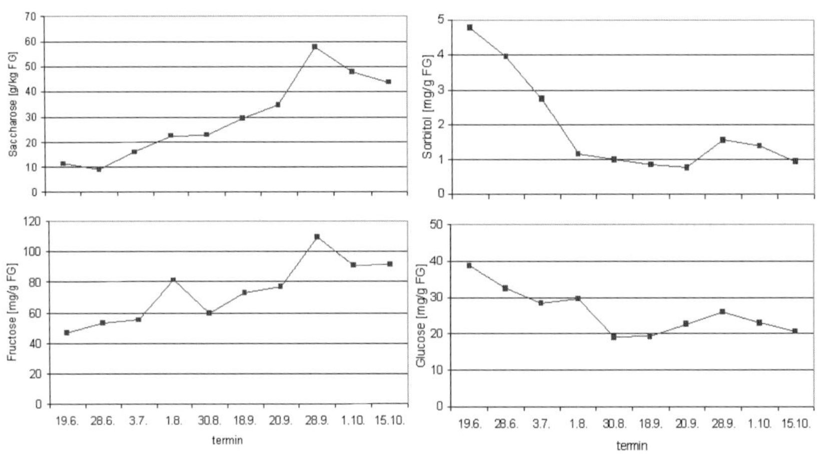

Abb. 10.2 *Der jahreszeitliche Verlauf von Saccharose, Sorbitol, Fructose und Glucose in Früchten der Sorte 'Golden Delicious' im Jahr 2002. Alle Werte sind in g pro kg Frischgewicht (FG)*

Speziell die Apfelsäure reduziert vorhandene Ansammlungen von Harnsäure und hilft somit bei der Rheuma- und Gichtlinderung mit. Untersuchungen über die Säurezusammensetzung in alten Kernobstsorten haben ergeben, dass z.B. die Sorten Großer Rheinischer Bohnapfel, Steirischer Maschanzker, Steirische Schafnase, Roter Boskoop und Kaiser Alexander einen hohen Säuregehalt aufweisen. Einen geringen Säuregehalt haben neben der Kultursorte Golden Delicious auch Cox Orange, Danziger Kantapfel und die Mostsorte Welschbrunner. So sollten säureempfindliche Personen eher auf diese säurearmen Sorten zurückzugreifen.

Man sollte aber nicht dem Irrtum verfallen und vermuten, dass eine sauer schmeckende Sorte auch einen geringen Anteil an Zucker besitzt, was vor allem von Diabetikern oder Adipösen (Fettleibigen) beachtet werden sollte. Ein gutes Beispiel dafür ist die Steirische Schafnase, die bei dem Geschmackstest als säuerlich eingestuft wurde, aber dennoch einen sehr hohen Zuckergehalt (fast doppelt so hoch wie die süß schmeckende Sorte Kaiser Alexander) besitzt, der geschmacklich von der Säure überlagert wird (Abb. 10.1).

Wird der süße Geschmack des Zuckers von einem hohen Säuregehalt verdeckt, haben diese Äpfel, vor allem in Kombination mit phenolischen Komponenten, einen eher unangenehmen Geschmack, der vor allem bei Mostobstsorten sehr ausgeprägt sein kann. Harmonisch schmeckende Sorten weisen hingegen ein ausgewogenes Verhältnis zwischen Gesamtzucker und Gesamtsäure auf, was ein außerordentliches Geschmackserlebnis hervorruft. Harmonisch schmeckende Apfelsorten sind z.B. Rheinischer Krummstiel, Gravensteiner oder Rheinischer Bohnapfel. Zu den süß schmeckenden Sorten zählen unter anderem Kaiser Alexander und Lavanttaler Bananenapfel.

PHENOLISCHE SUBSTANZEN

Auch der Gehalt an phenolischen Komponenten, die zu den sekundären Pflanzenstoffen zählen, beeinflusst den Geschmack von Apfel- und Birnensorten und kann vor allem bei Mostobstsorten sehr hoch sein. Aber neben dem nicht immer beliebten adstringierenden (samtig, bitter) Geschmack, der meist durch Phenolsäuren hervorgerufen wird, haben phenolische Substanzen eine positive Auswirkung auf die Gesundheit der Menschen und der Pflanzen und sind in den letzten Jahren sehr aktuell geworden. Die phenolischen Komponenten sind im Schalenbereich in größeren Mengen vorhanden und der Gehalt unterscheidet sich ziemlich zwischen den Sorten (Tab. 3). Auch die Anbau-Technologie kann einen Einfluss auf die Zusammensetzung der phenolischen Substanzen haben. So haben biologisch angebaute Sorten im Fruchtfleisch einen höheren Gehalt an phenolischen Substanzen als konventionell angebaute Äpfel (Intensivobstbau). Das ist darauf zurückzuführen, dass phenolische Substanzen auch eine große Rolle bei den Abwehrmechanismen der Pflanzen gegen die Schadorganismen spielen. Der Apfel enthält meist Phenolcarbonsäuren (Chlorogensäure, p-Cumarsäure, Kaffeesäure), Catechine (Catechin und Epicatechin), Proanthocyanidine (Procyanidine), Dihydrochalcone (Phloridzin), Flavonole (Quercetinglykoside) und Anthocyanidine. Besonders hoch ist die Chlorogensäure und Phloridzin angereichert. Letzteres tritt nur bei Äpfeln auf und ist in der Schale enthalten. Der Gehalt an phenolischen Substanzen nimmt mit der Reife der Früchte ab. Eine Ausnahme sind die Anthocyanidine, die die Rotfärbung der Früchte hervorrufen.

Viele Studien zeigen einen engen Zusammenhang zwischen dem Verzehr von phenolhaltigen pflanzlichen Nahrungsmitteln und einem verminderten Krankheitsrisiko.

Von den phenolischen Komponenten sind es vor allem die Flavonoide, die sowohl eine antioxidative Wirkung besitzen als auch zur Farbgebung der Früchte beitragen. Antioxidantien verhindern in den Körperzellen entweder die Bildung von schädigenden freien Sauerstoffradikalen und/oder wirken bei der Entgiftung dieser Radikalen (aktive Sauerstoffverbindungen) mit. In mehreren Studien wurde gezeigt, dass ein regelmäßiger Apfelkonsum die antioxidative Kapazität des Blutserums steigert und daher einen erhöhten Schutz vor Oxidationsprozessen (Protein- und Lipidoxidation) gewährleistet. Weiters bringt eine gesteigerte Aufnahme von Flavonoiden durch Äpfel eine Erniedrigung des Cholesterinspiegels, der Triglyzeride und des mittleren Thrombozytenvolumens (antithrombischer Effekt) mit sich. So zeigt sich, dass nicht nur der Rotwein, der für seinen flavonoidreichen Gehalt bekannt ist und deshalb in mäßigen Mengen als gesund eingestuft wird, sondern auch Kernobst auf Grund seines hohen Gehalts an phenolischen Komponenten mit einer Verminderung der Verkalkung der Herzkranzgefäße und anderer Manifestationen der Arteriosklerose (z.B. Beingefäßverschlusskrankheit, Hirngefäßverschlusskrankheit) in enger Relation steht.

Tab. 3 ***Gehalt an Gesamtphenolen in Schale und Fruchtfleisch von verschiedenen Apfelsorten (mg/g Frischgewicht). B=biologischer Anbau, I=integrierter Anbau, R=schorfresistente Sorten***

Sorte		Schale	Fruchtfleisch
Großer Rheinischer Bohnapfel	B	3.37	0.44
Kronprinz Rudolf	B	1.11	0.10
Gravensteiner	B	1.67	0.43
Rheinischer Krummstiel	B	2.09	0.22
Kornapfel	B	0.47	0.36
Steirischer Maschanzker	B	1.21	0.35
Geflammter Kardinal	B	0.47	0.16
Železničarka	B	1.20	0.30
Goldparmäne	B	0.70	0.14
Roter Pogatschenapfel	B	1.32	0.30
Champagner Renette	B	2.58	0.35
Royal Gala	I	1.76	0.14
Fuji	I	1.35	0.12
Elstar	I	1.85	0.08
Jonagold Decosta	I	1.50	0.09
Jonathan	I	0.85	0.08
Majda	I	1.40	0.02
Pink Lady	I	2.28	0.09
Braeburn	I	1.13	0.08
Pionva	R	1.07	0.08
Remura	R	1.02	0.02
Topaz	R	0.69	0.05

Vor allem alte Apfel- und Birnensorten aus dem Streuobstanbau sind von diesem Standpunkt aus betrachtet von gesundheitlicher Relevanz, da sie einen hohen Anteil an phenolischen Substanzen aufweisen. Beispiele dafür sind z.B. die Apfelsorten Kaiser Alexander, Kronprinz Rudolf, Rheinischer Krummstiel, Roter Boskoop, Roter Herbstkalvill, Steirische Schafnase und Großer Rheinischer Bohnapfel, die im Vergleich zu der Kultursorte Golden Delicious eine bis zu achtfache Menge an Gesamtphenolen aufweist. Bei Kultursorten wird hingegen angestrebt, phenolische Komponenten aus der Frucht herauszuzüchten, um eine Oxidation und eine daraus resultierende Braunfärbung des Fruchtfleisches bei Anschnitt, Anbiss oder Druck auf den Apfel zu vermeiden. Sorten aus dem Streuobstanbau sind trotz ihres höheren Gehalts an phenolischen Komponenten, die teilweise einen adstringierenden Geschmack hervorrufen, wohlschmeckende Tafel-, Obstverarbeitungs- und Haushaltsäpfel.

Da die meisten Vitamine und bioaktiven Substanzen (v.a. phenolische Komponente) vor allem direkt unter der Schale sitzen, sollte man wenn möglich die Früchte mit Schale genießen, denn beim Schälen geht etwa ein Viertel der gesunden Substanzen verloren. Ein altes Hausmittel ist auch Tee aus Apfelschalen, dem nachgesagt wird, nervenstärkend, blutbildend, schlaf- und stoffwechselfördernd sowie blutdrucksenkend zu wirken.

AROMASTOFFE

Neben Zucker und Säuren tragen auch flüchtige Verbindungen (Aromastoffe) zum Aroma der Früchte bei. Sie entwickeln sich meistens während der Reifung der Früchte. Aromastoffe gehören zu sehr verschiedenen Gruppen der organischen Verbindungen (Alkohole, Ester, Aldehyde, Ketone….). Diese Stoffe sind in den Früchten in sehr geringen Mengen enthalten und können nur in gewissen Konzentrationen wahrgenommen werden. In Äpfeln sind es über 300 verschiedene flüchtige Aromastoffe, von denen aber nur ein paar zum sortenspezifischen Aroma beitragen. Unter diesen Stoffen überwiegen die Ester gefolgt von Alkoholen und Aldehyden. Auch bei den Birnen stellen flüchtige Ester den Hauptteil der Aromastoffe dar. Diesen Aromastoffen kommt aber ebenfalls ein gesundheitlicher Aspekt zu, nämlich über die psychologische Komponente, indem sie das emotionale Wohlbefinden steigern.

SCHWANKUNGEN IM GEHALT DER INHALTSSTOFFE

Die Zusammensetzung von Kernobst und auch anderen Obstarten unterliegt Schwankungen zwischen den verschiedenen Arten (Apfel, Birne, Quitte) und auch innerhalb der Art. Auch die Zusammensetzung von Früchten einer Sorte kann verschieden sein und hängt von Klima, Boden, Standort, Witterungsbedingungen in der Vegetationsperiode (Einstrahlung, Niederschlag, Temperatur …), technologischen Maßnahmen (Schnitt, Düngung, Schadorganismen …), Reifezustand wie auch Lagerung von Früchten ab. Relativ geringe Schwankungen sind im Inhalt von Kohlehydraten, Mineralstoffen und mancher Aminosäuren zu finden. Größere Schwankungen gibt es, wenn es sich um den Gehalt an Vitaminen und phenolischen Substanzen handelt.

In extensiver Kultivierung wird meist auf den Einsatz von Herbiziden und Pestiziden verzichtet. Die Äpfel und Birnen aus dem Streuobstbau erscheinen daher gelegentlich von minderer Qualität. Das bedeutet aber nicht, dass die inneren Qualitäten der Früchte vermindert sind, im Gegenteil, alte Kernobstsorten besitzen ein umfangreiches Spektrum an Inhaltsstoffen, die bei Intensivobstsorten hingegen oft durch züchterische Maßnahmen dezimiert wurden. Die biologische Wertigkeit der Früchte ist meist über die des konventionellen Anbaus zu stellen.

ALLERGENE

Obwohl Äpfel sehr gesund sind, gibt es Leute, die auf den Genuss dieser Früchte allergisch reagieren. Ein Allergen ist eine Substanz, die über Vermittlung des Immunsystems Überempfindlichkeiten auslöst. Allergene lassen sich mit molekularbiologischen Methoden qualitativ und quantitativ bestimmen. Man hat bis jetzt vier Allergene bestimmen können. Bei diesen handelt es sich meistens um Eiweiße oder Eiweißverbindungen. Sie sind in sich sehr unterschiedlich, weshalb eine chemische Bekämpfung äußerst schwierig, wenn nicht sogar unmöglich ist. Das Immunsystem allergischer Patienten reagiert mit der Bildung von Antikörpern auf den Kontakt mit Allergenen. Von einer Kreuzallergie wird dann gesprochen, wenn Antikörper, die gegen ein bestimmtes Allergen in einer bestimmten Allergenquelle gerichtet sind, auch andere Allergene in anderen Allergenquellen (z. B. Birnenpollen – Apfel) erkennen und somit auch bei Kontakt mit diesen eine allergische Reaktion auslösen können (WIKIPEDIA 2012). Pseudoallergische Reaktionen werden vor allem durch den Einfluss von biogenen Aminen wie Histamin (z. B. Erdbeeren) oder Serotonin (z. B. Walnüsse) und anderen Stoffen der Lebensmittel auf den Stoffwechsel hervorgerufen und betreffen daher nicht das Immunsystem. Alle Äpfel besitzen Allergene, der Gehalt allerdings ist, wie bei biologischem Material üblich, von ökologischen Bedingungen abhängig und ist deshalb bei einzelnen Bäumen, aber auch innerhalb eines Baumes sehr unterschiedlich. Aus diesem Grund kann, was die Höhe an bestimmbaren Allergenen betrifft, nicht unbedingt von einer sortentypischen Eigenschaft gesprochen werden (SCHMITZ-EIBERGER 2011). Auf die neuen Sorten reagieren viele Menschen besonders heftig, da durch das Wegzüchten der bräunenden Stoffe (siehe oben) der natürliche Gegenspieler der Allergene fehlt (FOITH 2012).

Autoren: K. Herbinger, R. Verberič, H. Toplak, F. Štampar, D. Grill, H. Keppel

Weiterführende Literatur

Gerhard F., Neumann D. & Vogl M. 1986. Physiologie der Obstgehölze, 2. Auflage. – Springer Verlag, Berlin, Heidelberg, New York, Tokio.

Hermann K. 2001. Inhaltsstoffe von Obst und Gemüse. – Verlag Eugen Ulmer, Stuttgart.

Mayr U. 2001. Äpfel und Birnen. – Verlag Eugen, Stuttgart.

Foith Th. 2012. Entwicklung von Kenngrößen zur Bestandescharakterisierung und Sicherung von Streuobsbeständen unter besonderer Berücksichtigung des Bundeslandes Kärnten, Diss. Univ. f. Bodenkultur, Wien.

Schmitz-Eiberger M. 2011. Apfelallergie – Ursachen, Hintergründe, bisherige Resultate. – European Fruit Magazine 2011-6: 12–14.

11 – SCHÄDIGUNGEN AN FRÜCHTEN

Da alte Apfel- und Birnensorten vor allem in Streuobstwiesen zu finden sind, welche in der Regel der biologischen Bewirtschaftung entsprechen (ohne Spritzmittel), fehlt den Früchten meistens das makellose Aussehen wie man es von Äpfeln und Birnen aus den Obstplantagen gewohnt ist und wie es unglücklicherweise der Markt fordert (vgl. Kap. 6). So werden die Früchte stets mehr oder weniger mit Merkmalen verschiedenster Einflüsse biotischer und abiotischer Natur behaftet sein. Besonders häufige und augenfällige Symptome sollen im Folgenden dargestellt werden. Allerdings lassen sich die Schädigungsbilder nicht ausschließlich einzelnen Sorten zuordnen. So sind manche Sorten z.B. gegenüber Schorf empfindlicher, andere Sorten zeigen kaum derartige Symptome. Vergleicht man zwischen Äpfeln und Birnen so ist z.B. der Fruchtschorf bei Äpfeln überwiegend zu finden, die Steinfrüchtigkeit, die auch mit Virusbefall in Verbindung gebracht wird, tritt häufig bei Birnen auf. Allerdings wird das Befallsbild und der Befallsgrad von Standort und klimatischen Faktoren maßgeblich beeinflusst werden und somit regionalen und jährlichen Schwankungsraten unterworfen sein.

PILZLICHE ERKRANKUNGEN

Schorf (*Venturia inaequalis, V. pirina*) (Abb. 11.1, 11.2, 11.3)

Apfel- und Birnenschorf sind die wirtschaftlich wichtigsten Pilzkrankheiten des Kernobstes. Erkennbar sind diese durch graue, glatte – zur Erntezeit oft rissig aufgebrochene Pilzpusteln (Schorfflecken).

Die Hauptbefallszeit (Hauptinfektion) beginnt mit dem Austrieb der Knospen, dem Sichtbarwerden der ersten grünen Kelchblätter der Blüte. Das Ende der Primärinfektionszeit (Blatt- und Fruchtschorf) liegt gegen Mitte bis Ende Juni. Die ersten Schorfinfektionen sind jeweils am Blatt (siehe Kap. 12) und erst in weiterer Folge auf der Fruchtoberfläche sichtbar. Zur Verhinderung weiterer vom Baum ausgehender Schorfinfektionen könnten hier Schädlingsbekämpfungsmaßnahmen ähnlich den Richtlinien des biologischen Obstbaus erfolgen. Ruhige Bäume (schwaches Wachstum mit frühzeitigem Triebabschluss) senken die Schorfgefahr, da junge Blätter wegen des noch schwammigen Blattgewebes eine erhöhte Anfälligkeit aufweisen. Ab Mitte Juli beginnt die Infektionsgefahr mit dem erst während der Lagerung auftretenden Lagerschorf.

Zur Minderung des Befallsdrucks in der nächsten Saison soll das befallene am Boden liegende Laub entfernt werden oder über eine stickstoffbetonte natürliche Düngung mit Jauche oder Gülle (dzt. verboten) im Spätherbst der Verrottungsprozess der Blätter beschleunigt werden. An Schorf erkrankte Früchte sind ebenfalls von den Bäumen und unterhalb dieser im Herbst zu entfernen.

Bei der Birne kann der Schorf auch auf das Holz übergreifen und verursacht dort eine feinschuppige Borke (Grind).

Bekämpfung

Neben der konventionellen chemischen Schorfbekämpfung sprechen im Altobstanbau auch Kupferpräparate an. Die amtlich zugelassenen und registrierten Präparate (Fungizide, Pilzbekämpfungsmittel) finden sich im amtlichen Pflanzenschutzmittelverzeichnis, das im guten Fachhandel erhältlich ist.

Mehltau (*Podosphaera leucotricha*) (Abb. 11.4)

Hauptsächlich beim Apfel vorkommend. An mehltaugefährdeten Stellen keine mehltauanfälligen Sorten pflanzen. Mehltaubefallene Früchte zeigen auf der Fruchtoberfläche eine grob-netzartige Berostung.

Der Mehltau ist mechanisch leicht bekämpfbar durch Abschneiden befallener Knospen und Triebe (Mehltaukerzen) (vgl. Kap. 12). Der Schnitt der Mehltaukerzen nach Regenfällen stellt einen idealen Bekämpfungszeitpunkt dar, da die Konidien (Sommersporen) besser auf dem Pilzrasen haften bleiben und dadurch nicht vom Wind vertragen bzw. nicht vom weißen Pilzrasen abfallen oder abgeschüttelt werden.

Bekämpfung
Um weitere Infektionen zu vermeiden sollen die abgeschnittenen Triebe aufgesammelt und verbrannt bzw. ordentlich kompostiert werden. Beim Winterschnitt auf die Befallsherde achten und die Bäume wuchsberuhigend schneiden. Bei starkem Befallsdruck ist eine chemische Bekämpfung möglich.

Regenfleckenkrankheit und Fliegenschmutzerkrankung (*Gloeodes pomigena, Schizothyrium pomi*) (Abb. 11.5, 11.6)

Regenfleckenkrankheit
Ohne chemischen Pflanzenschutz ist diese Krankheit nicht bekämpfbar. Sie äußert sich durch das Auftreten von flächigen, erst vor der Ernte auftretenden grauschwärzlichen Belägen auf der Fruchtschale, die mit einem feuchten Tuch teilweise entfernt werden können. Starke Regenfälle und hohe Luftfeuchtigkeit vor der Erntezeit begünstigen das Auftreten.

Bekämpfung
Nur über den Einsatz chemischer Präparate möglich. Luftfeuchte Standorte vermeiden, auf gut durchlüftete und besonnte Standorte und Kronen achten.

Fliegenschmutzerkrankung
Die Pilzrasenflecken sind im Gegensatz zur Regenfleckenkrankheit einzelne, nicht flächig zusammenhängende dunkelgraue bis schwarze schwer von der Fruchtschale zu entfernende Punkte. Infektions- und Auftretensbedingungen wie bei der Regenfleckenkrankheit.

Bekämpfung
siehe oben

Monilia (*Monilia laxa, Monilia fructigena*) (Abb. 11.7, 11.8)

An den Früchten entstehen bräunliche Faulflecken, die von Schädigungen (Hagelschlag, Schädlingsbefall) ausgehen. Diese Faulflecken vergrößern sich sehr rasch und erfassen die ganze Frucht. Gleichzeitig durchbrechen Konidienpolster die Fruchthaut. Liegen zwei oder mehrere Früchte aneinander, kann der Pilz auch direkt von einer kranken Frucht in eine gesunde vordringen. Faule Früchte fallen entweder ab oder bleiben als Fruchtmumien am Baum hängen. Auf dem Lager kann die Schwarzfäule auftreten, eine spezielle Form der Moniliafäule.

Bekämpfung
Am Baum hängende eingetrocknete Früchte (Fruchtmumien) entfernen, um die Schädigung des Holzes zu verhindern. Vermeiden von Fruchtverletzungen (Apfelwickler und andere tierische Schädlinge); chemische Maßnahmen.

Gloeosporium (*Gloeosporium perennans, G. album, G. fructigenum*) (Abb. 11.9)
Die verschiedenen spezifischen Erregerrassen führen zu unterschiedlichen Schadbildern auf den Früchten. Die geschädigten Fruchtpartien weisen hellbraune Faulflecken mit dunkelbraunem Rand oder dunkelbraune Stellen mit schwarzen Punkten auf. Schleimige, hellrot bis kirschrot gefärbte Sporenlager folgen. Die Schadbilder werden erst während der Lagerung erkennbar und können in kurzer Zeit rasch um sich greifen.

Bekämpfung
Warmwassertauchen vor dem Einlagern (siehe Kap. 6), beim Winterschnitt Entfernen der Fruchtmumien und Krebsstellen vom Baum, chemischer Pflanzenschutz.

TIERISCHE SCHÄDLINGE

Sägewespen (*Hoplocampa testudinea*) (Abb. 11.10)
Verursacht anfänglich das Abfallen von Früchten. In der weiteren Entwicklung schädigt die Made durch den seicht unter der Fruchtschale liegenden Fraßgang die weitere Ausbildung der Frucht. Der später verkorkende Fraßgang ist noch zurzeit der Fruchtreife deutlich zu sehen. Der Falterflug kann mit geleimten Weißtafeln festgestellt werden.

Bekämpfung
Nur chemisch mittels Insektiziden (Insektenbekämpfungsmittel) möglich.

Apfelwickler (*Laspeyresia pomonella*) (Abb. 11.11, 11.12)
Auch als Obstmade bekannt. In Abhängigkeit der Jahreswitterung und der Standorte sind bis zu zwei Generationen je Vegetation möglich. Die erste Apfelwicklerfaltergeneration legt die Eier auf die Blätter. Die daraus schlüpfenden Larven müssen erst die kleinen Früchte erreichen, um sich in die Frucht einbohren zu können. In der Folge wird das Kernhaus zerstört und es kommt zum Fruchtfall, da die Frucht nicht weiterwachsen kann (die in den Samen vorhandene fruchteigene wachstumsfördernde Hormonproduktion wird unterbunden). Die Maden suchen Rinden/Borkenrisse auf und wandern oder spinnen sich abwärts in den Boden, wo der Verpuppungsprozess einsetzt. Beim Vorhandensein einer zweiten Generation werden hingegen die Eier direkt auf die Früchte abgelegt und schädigen so die Früchte.

Bekämpfung
Einsammeln und Entfernen der am Boden liegenden Früchte. Anbringen von Wellpappstreifen am Stamm zur Zeit der Madenwanderung, um das Einwandern und Auffangen der Maden zu begünstigen. Das öftere Auswechseln der Wellpappstreifen bringt einen entsprechenden Erfolg. Eine Bekämpfung mit dem Granulosevirus zeigt auch im Bioanbau gute Erfolge.

Abb. 11.1 *Starker Fruchtschorfbefall*

Abb. 11.2 *Starker Fruchtschorfbefall*

Abb. 11.3 *Schwacher Fruchtschorfbefall*

Abb. 11.4 *Mehltau auf Frucht*

Abb. 11.5 *Fliegenschmutz (F) und Nebelflecken (N)*

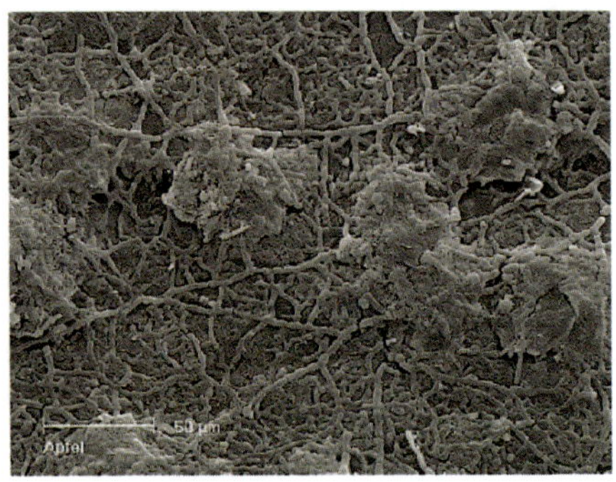

Abb. 11.6 *Nebelflecken (Rasterelektronen-mikroskopische Aufnahme)*

Abb. 11.7 *Monilia Fruchtmumie*

Abb. 11.8 *Monilia*

Abb. 11.9 *Gloeosporium Fruchtfäule*

Abb. 11.10 *Sägewespenfraßgang*

Abb. 11.11 *Apfelwickler*

Abb. 11.12 *Apfelwickler*

Wanzenschäden (*Heteroptera*) (Abb. 11.13, 11.14)

Durch Saugschäden an den Früchten treten Fruchtdeformationen auf, bei Blattbefall treten vorwiegend bei Birnenblättern oberseitig weiße Flecken auf. Befallene Blätter vertrocknen.

San Jose Schildlaus (*Quadraspidiotus perniciosus*) (Abb. 11.15, 11.16)

Auf den Früchten sind die ersten Schildläuse sichtbar, die Saugstellen sind rot, die Schildlaus selbst ist weißlich-grau.

ABIOTISCHE SCHÄDIGUNGEN

Frostschaden (Abb. 11.18)

Durch Spätfrostbefall zur Blütezeit kommt es zu Beschädigungen der Blütenorgane (Gewebszerreißungen) die als Frostzungen, Frostplatten oder Frostringe an den Früchten sichtbar werden. Eine Frostschutzberegnung lohnt sich nur bei Intensivobstanlagen.

Mechanische Schäden

siehe auch Kap. 12
Meist durch Windbewegungen verursacht, indem Früchte an den Trieben reiben und so die Schale verletzen. Eine qualitätsmindernde Verkorkung der Fruchtschale ist die Folge. Auch eine unsanfte Schüttelarbeit und zu hoher Fruchtfall vom Baum verletzen die Früchte bei der Ernte.

Hagel (Abb. 11.17)

Der Hagel beschädigt die Früchte, so dass diese nicht mehr verarbeitbar sind. Meist dringen die Hagelschlossen tief ins Fruchtfleisch ein oder schlagen ganze Fruchthälften ab. Fäulnis ist die Folge und damit ein Verderben der Frucht. Hagelnetze schützen nur in den Obstanlagen.

Stippigkeit (Abb. 11.19, 11.20)

Tritt als Folge von Kalziummangel und/oder Kali- und Magnesiumüberschuss im Boden auf. Meist knapp unter der Fruchtschale treten braune, korkartige, bitter schmeckende Fleischpartien auf. Im fortgeschrittenen Stadium wird die Erkrankung auch äußerlich an etwas eingesunkenen graugrünen bis bräunlichen Flecken erkennbar. Trockenheit, stark wüchsige Bäume und Nährstoffdisharmonien im Boden fördern diese physiologische Störung in der Frucht.

Steinfrüchtigkeit der Birne (Abb. 11.21)

Steinfrüchtigkeit wird durch eine Nährstoffdisharmonie im Boden aber auch häufig durch einen Virusbefall ausgelöst. Zwei bis drei Wochen nach dem Blütenblätterfall sind an der Fruchtschale der Birnen dunkelgrüne etwas eingedellte Flecken zu sehen, die sich mit fortschreitendem Wachstum vertiefen. Im Fruchtfleisch, vorwiegend um das Kernhaus, treten beim Essen störende harte Fruchtfleischzellpartien auf. Auch Fruchtdeformationen sind möglich und können durch die Saugtätigkeit von Wanzen (siehe oben) entstehen, doch dann sind die verkorkten Saugstellen an der Fruchtschale erkennbar.

Fleischbräune (Abb. 11.22)

Während der Lagerung wird das Fruchtfleisch der Äpfel weich und verfärbt sich zwischen dem Kerngehäuse und der Schale braun, wobei sich die Schädigung von innen nach außen weiter ausdehnt. Mit zunehmendem Fruchtalter bräunt auch die Fruchtschale. Zu späte Ernte, zu geringer Behang der Bäume, zu lang gelagerte und zu große Früchte sind anfällig.

Autoren: H. KEPPEL, A. WIEDNER

Weiterführende Literatur

KEPPEL H., PIEBER K., WEISS J. & HIEBLER A. 1998. Obstbau, Anbau und Verarbeitung, 2. völlig neu bearbeitete Auflage. – Leopold Stocker Verlag, Graz.

KOTTE W. 1948. Krankheiten und Schädlinge im Obstbau und ihre Bekämpfung. – Verlag Paul Parey, Berlin.

POLESNY F., HÖBAUS E. & BLÜMEL S. 1992. Schädlinge und Nützlinge. – Leopold Stocker Verlag, Graz.

VUKOVITS G. 2000. Die wichtigsten Obstkrankheiten, 2. Auflage. – Leopold Stocker Verlag, Graz.

Abb. 11.13 *Wanzenschäden*

Abb. 11.14 *Wanzenschäden*

Abb. 11.15 *San Jose Schildlaus*

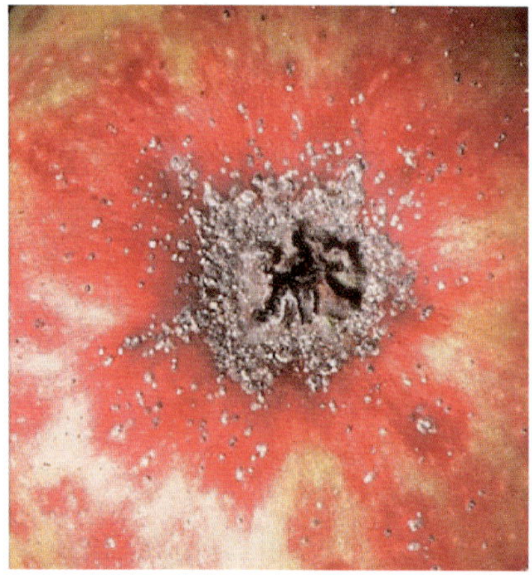

Abb. 11.16 *San Jose Schildlaus*

Abb. 11.17 *Hagelschaden*

Abb. 11.18 *Frostringe auf junger Frucht*

Abb. 11.19 *Stippigkeit*

Abb. 11.20 *Stippigkeit*

Abb. 11.21 *Steinfrüchtigkeit*

Abb. 11.22 *Fleischbräune*

12 – KRANKHEITEN DER BLÜTEN, BLÄTTER UND TRIEBE

Nachdem im Streuobstbau, in dem die meisten alten Sorten noch immer kultiviert werden, in der Regel ohne Spritzungen (Fungizide, Insektizide) produziert wird, sind diese Bäume natürlich auch durch diverse Schädlinge gefährdet. Da aber einerseits die alten Sorten eine gewisse Widerstandskraft gegenüber Schädlingen ausgebildet und in ihrem Erbgut verankert haben, andererseits aufgrund des Vorkommens von Nützlingen in Streuobstanlagen Schadinsekten im Gleichgewicht gehalten werden, sind Streuobstbäume, im Gegensatz zum Plantagenanbau in der Lage, ohne chemische Keule und ohne große Einbußen in ihrer Vitalität auszukommen (vgl. Kap. 4). Allerdings werden die Bäume nie diesen scheinbar guten Gesundheitszustand aufweisen wie Bäume aus dem Intensivobstbau. Hier soll auf einige der wichtigsten und augenfälligsten Symptome, deren Verursacher, sowie die natürliche und chemische Bekämpfung eingegangen werden. Zur vertiefenden Information sei auf die am Schluss des Kapitels angeführte weiterführende Literatur verwiesen.

PILZLICHE UND BAKTERIELLE ERKRANKUNGEN

Schorf (*Venturia inaequalis, V. pirina*) (Abb. 12.1, 12.3)

Neben den Früchten befällt der Schorf auch die Blätter und man unterscheidet deshalb im Befallsbild den Blatt- und den Fruchtschorf. Der Blattschorf befällt den Apfelbaum, noch ehe die Blüten aufgeblüht sind. An der Unterseite von Blättern erscheinen nach frühen Infektionen dunkle Flecken. Gewöhnlich treten Schorfflecken aber blattoberseits als gelbe Aufhellungen, bald jedoch als sandartige matt olivgrüne Läsionen auf. Mit zunehmendem Alter werden sie dunkler. Bei Birnen tritt der Schorf besonders an der Unterseite auf. Durch Zerstörung der Cuticula vertrocknen schorfbefallene Blätter und werden vorzeitig abgeworfen. Schaden richtet der Schorfpilz auf den Blättern deswegen an, weil die Assimilationsfläche der Blätter verringert wird. Feuchte Standorte und feuchte Jahre begünstigen den Schorfbefall.

Bekämpfung

Lichte Kronen und schwaches Triebwachstum senken die Schorfgefahr. Chemische Bekämpfungsmaßnahmen können den Schorfbefall verhindern und sind mit den entsprechenden zugelassenen Mitteln auch im Bioanbau möglich. Über das Auspflanzen von schorfresistenten Sorten könnte das Schorfproblem in den Griff zu bekommen sein. Landsorten sind als natürliche Schorfresistenzgenträger zu Züchtungszwecken beliebt, da die sorteneigene Resistenz durch dieses Einkreuzen zu einer polygenen Resistenz aufgebaut wird. Die Schorfresistenz basiert dabei auf mehreren Genen.

Mehltau (*Podosphaera leucotricha*) (Abb. 12.2, 12.4)

Dieser Krankheitserreger zählt zu den Schönwetterpilzen. Lange Trockenperioden und heiße trockene Tage sowie windstille Lagen (Talkessel) begünstigen das Auftreten. Die weißen Pilzrasen erscheinen meist zuerst auf der Blattunterseite und können nach dem Auftreten auf der Blattoberseite zu einer Verkrüppelung des Blattes führen. Das Längenwachstum kann gebremst werden und die Blattknospen können am Vegetationsende befallen werden. Während der Blütezeit kann eine Infektion der Blüte zu edelweißähnlichen Blütendeformationen und so zu Ertragsminderungen führen.

Bekämpfung
Das Wegschneiden befallener Triebe bzw. Knospen und gezieltes Ausbringen aus den Baumregionen stellt eine biologische Bekämpfungsmaßnahme dar.

Birnengitterrost (*Gymnosporangium sabinae*) (Abb. 12.5, 12.6)

Diese Krankheit gefährdet durch den Verlust an assimilationsfähiger Blattmasse die Vitalität eines befallenen Birnbaums. Die Krankheit macht sich auf der Blattoberfläche durch orangefärbige bis 1 cm große Flecken, auf der Blattunterseite durch gelbbraune Wucherungen bemerkbar.

Bekämpfung
Nichtauspflanzen von Wirtspflanzen (wie z.B. Wacholder), Mindestabstand 200 m in der Windrichtung, Entfernen und Verbrennen befallenen Laubes, chemische Bekämpfung je nach Standort Ende April – Mitte Juni.

Feuerbrand (*Erwinia amylovora*) (Abb. 12.7 bis 12.9, 12.11)

Diese Bakterienkrankheit ist zurzeit nicht chemisch bekämpfbar. Seit dem Jahr 2000 ist sie in der Steiermark nachweisbar. Erkennbar und typisch ist die regenschirmgriffähnliche Abwärtsdrehung der Triebspitze, die sich rasch verfärbt und vertrocknet. Beim Befall der Blüten verfärben sich diese rasch dunkel und sterben ab. Dabei sind weißliche Schleimtröpfchen (Exsudate) aufzufinden, die die Bakterien für die rasche Verbreitung enthalten. Wind, Vögel, Insekten und Menschen können die Bakterien rasch verbreiten.

Bei der Sekundärinfektion bzw. beim Auftreten im Sommer biegen sich die Triebspitzen meistens nicht mehr so stark abwärts wie bei einer Frühjahrsinfektion.

Die Obstgehölze sind unterschiedlich anfällig. Am anfälligsten sind die Quitte, die Birne und der Apfel. Auch weitere rosenartige Obstgehölze sind anfällig.

Feuerbrand ist eine anzeigepflichtige Krankheit und die Kontaktaufnahme mit dem amtlichen Pflanzenschutzdienst bzw. den örtlichen Feuerbrandbeauftragten ist notwendig, die das weitere Vorgehen anordnen. Bei Altobstbäumen hat sich ein sach- und fachgerechter Rückschnitt nach den phytosanitären Richtlinien bewährt.

Viren und Mycoplasmen

Sie werden hier nicht behandelt, da diese teilweise schwer erkannt und schwierig zugeordnet werden können. Es sei hier auf Spezialliteratur verwiesen.

TIERISCHE SCHÄDLINGE

Rote Spinne (*Panonychus ulmi*) (Abb. 12.10)

Die aus Wintereiern schlüpfenden Tiere besiedeln zuerst die Basalblätter (unterste Blätter) der Blüte. Zuerst kann man eine leichte Sprenkelung der Blätter erkennen, bei starkem Befall werden die Blätter mattgrün, bräunlich und schließlich bronzefärbig und brüchig. Durch die Saugtätigkeit kommt es zum Verlust der Assimilationsfläche und zu einer Assimilationsmassenkonkurrenz. Die Schadschwellenhöhe (maximale Milbenzahl/Blatt) beträgt 2-4 Milben/Blatt.

Abb. 12.1 *Schorf*

Abb. 12.2 *Blütenmehltau*

Abb. 12.3 *Schorf*

Abb. 12.4 *Apfelmehltau (Mehltaukerze)*

Abb. 12.5 *Birnengitterrost Frühstadium*

Abb. 12.6 *Birnengitterrost*

Abb. 12.7 *Feuerbrand*

Abb. 12.8 *Feuerbrand, befallener Trieb mit Exsudat*

Abb. 12.9 *Feuerbrand, Exsudate auf Früchten*

Abb. 12.10 *Rote Spinne*

Abb. 12.11 *Feuerbrand, regenschirmgriffähnliche Krümmung der befallenen Triebspitze*

Abb. 12.12 *Apfelrostmilbe*

Bekämpfung
Der Einsatz von natürlichen Gegenspielern (Raubmilben, die mit Trieben aus Beständen aus dem Nahbereich mit Raubmilbenbesatz eingebracht werden) können die weitere Vermehrung verhindern, werden jedoch beim Einsatz ungeeigneter chemischer Mittel vernichtet (nur nützlingsschonende Präparate verwenden!). Empfehlenswert ist die Einbringung der Raubmilben auf Jungbäume im Pflanzjahr. Glatte Äste bieten wenig Unterschlupf für diese Nützlinge, daher sollten Filzstreifen, Stoffreste u. dgl. als künstliche Behausung auf den Ästen und Stämmen angebracht werden. Blumenwanzen und Kugelkäfer leisten bei der natürlichen Bekämpfung wertvolle Hilfe, sind aber sogenannte Säuberungsräuber, die erst bei stärkerem Auftreten der Roten Spinne (leichte Blattschäden) aktiv werden; sie machen jedoch keine Unterschiede zwischen dem Schädling Rote Spinne und dem Nützling Raubmilbe. Daher sollte größter Wert auf das Ansiedeln von Raubmilben gelegt werden, damit der Zuzug von Blumenwanzen und Kugelkäfern nicht erforderlich ist.

Als biologische Bekämpfungsmethode auch auf lichte Kronen und schwach wüchsige Triebe achten.

Weichhautmilben (*Aculus schlechtendali*) (Abb. 12.12)

Das Auftreten hemmt die Triebbildung und die Blattentwicklung wird gebremst. Durch die Saugtätigkeit der Milben sieht die Blattoberseite gesprenkelt, blass und glanzlos aus. Die Blattunterseite verfärbt sich bräunlich und es kommt zur Verhärtung der Blattspreite, die sich seitlich aufrichtet und zu einer schiffförmigen Blattgestalt führt. Bei starkem Besatz mit Weichhautmilben kommt es auf den Früchten zu einer Minderung der Deckfarbenausbildung. Bei manchen Sorten können auch Fruchtberostungen auftreten (daher auch Rostmilben genannt).

Bekämpfung
Chemische Bekämpfung mit spezifischen Präparaten auch im Bioanbau möglich. Das Vorhandensein von Raubmilben mindert das Auftreten der Weichhautmilben.

Blattläuse (verschiedene Arten) (Abb. 12.13)

Es können mehrere Arten auf einem Baum auftreten, z.B.: Apfelgraslaus (*Rhopalosiphum insertum*), grüne (*Aphis pomi*), mehlige Apfelblattlaus (*Dysaphis plantaginea*), Apfelfaltenlaus (*Dysaphis sp.*) u.a. Blattläuse schädigen durch den Saugakt an den Blättern und jungen, nicht verholzten Trieben. Dadurch wird die normale Blatt- und Triebausbildung unterbunden (Blattkräuselungen, Krummwuchs). Befallene Triebe sind für einen Kronenaufbau nicht zu verwenden. Das Auftreten der mehligen Blattlaus führt zu Zwergfrüchten, daher ist diese Laus im Bioanbau sehr gefürchtet. Der Besatz der Apfelfaltenlaus beginnt bei Vegetationsbeginn. Als Schadbilder treten rot-gelbliche Blattflecken (ähnlich der Kräuselkrankheit beim Pfirsich) auf. Ameisen „melken" die Blattläuse (Aufsaugen der zuckerhältigen Blattlausausscheidungen). Auch Fruchtschäden sind möglich. Wirtschaftlich eher wenig bedeutend.

Bekämpfung
Chemische Bekämpfung mittels nützlingsschonender Insektizide möglich. Vorteilhaft wäre der Einsatz von natürlichen Gegenspielern: Florfliegen, alle Arten von Marienkäfern, Ohrwürmer (Ohrenschliefer), Vögel. Der Ohrwurm ist nachtaktiv, deshalb sollen tagsüber Unterschlupfmöglichkeiten in der Krone, am Ast fest verbunden, vorhanden sein (nach unten offene mit Stroh, Heu, Holzwolle gefüllt Blumentöpfe

u.ä.). Eine natürliche Besiedelung der Töpfe erfolgt oft nur langsam, sodass ein Einbringen von mehreren Tieren in die Töpfe vor dem Anbringen am Ast den Bekämpfungserfolg steigert. Fangplätze für Ohrwürmer liegen an schattigen Stellen, unter abgestellten Brettern, unter auf Haufen liegenden Ästen u.ä.

Langsam wachsende Triebe hemmen den Befall, üppiges Triebwachstum fördert den Besatz. Mit dem Triebabschluss sinkt der Befall an Blattläusen.

Blutlaus (*Erisoma lanigerum*) (Abb. 12.14)

Warme, feuchte und windstille Stellen sind bevorzugte Befallsorte. Die markanten weißen, außen durch feine Wachsfäden geschützten watteähnlichen Blutlauskolonien schädigen durch den Saugakt, der oft Auslöser für Rindenbeulen und Rindenknoten sowie krebsartige Wunden ist. Beim Entfernen der weißen Wachsfäden findet man die braunroten Tiere, die beim Zerdrücken einen dunkelroten blutähnlichen Saft absondern.

Biologische Bekämpfung vor allem mit Zehrwespen
Einige wurzelhalsnahe Triebe mit Blutläusen, welche bereits von Zehrwespen parasitiert werden (mittels Lupe sichtbare schwarze und tote Blutläuse mit Einstichstelle am Rücken), müssen vor chemischen Pflanzenschutzmaßnahmen aus der Anlage entfernt und 1 Woche nach der Spritzung wieder eingebracht werden. Damit kann eine Neubesiedlung der Anlage durch Zehrwespen erfolgen.

San Jose Schildlaus (*Quadraspidiotus perniciosus*) (Abb. 12.15, 12.16)

Ist ein gefährlicher Schädling, der durch seine Saugtätigkeit in kurzer Zeit das Absterben eines Baumes bewerkstelligen kann. Auf den Früchten sind die ersten Schildläuse sichtbar, die Saugstellen sind rot, die Schildlaus selbst ist weißlich grau.

Bei starkem Befall können die Schilde ganze Krusten auf der Rinde bilden. An solchen Stellen verfärbt sich die Rinde rot. Dies setzt sich bis ins Kambium fort, die Bäume kränkeln und kümmern durch die Saftkonkurrenz der saugenden Läuse. Ein Schildlausweibchen kann bis zu 10 Jungläuse/Tag gebären, was auf eine Vermehrungsrate von 400 jungen Läusen/Weibchen hinweist.

Bekämpfung
Die jungen Läuse sind vor dem Austrieb mit einer 3 %igen Paraffinölspritzung und im Sommer mit einer Insektizidspritzung bekämpfbar; biologische Bekämpfung mittels Zehr(Schlupf)wespen.

Blütenstecher (*Anthonomus pomorum*) (Abb. 12.17, 12.18)

Dieser Schädling kann durch günstige Witterung (warme Tage beim Austrieb) begünstigt. werden. An Schadbildern treten nicht aufblühende Knospen (Ballonstadium) mit braunen Blütenkronblättern auf. Im Knospeninneren findet man gelbliche Maden, die die Blütenorgane schädigen. Die fertig entwickelten Tiere, welche manchmal auch in den Blüten anzutreffen sind, verlassen dann die Obstbäume in Richtung von Wäldern.

Bei schwachem Blütenknospenansatz und schlechtem Blühwetter kann dies zu einem starken Ernteausfall führen. Befallene Knospen sind durch die seitliche am Knospenboden befindliche Einstichstelle erkennbar. Nach dem Ablegen des Eies in die Blütenknospe tritt an der Einstichstelle ein Sekrettropfen auf. Kessel- und waldnahe Lagen werden von diesem Schädling bevorzugt.

Abb. 12.13 *Blattlausschaden*

Abb. 12.14 *Blutläuse*

Abb. 12.15 *San Jose Schildlaus an Früchten*

Abb. 12.16 *San Jose Schildlaus an Holz*

Abb. 12.17 *Blütenstecher*

Abb. 12.18 *Blütenstecher*

Abb. 12.19 *Birnblattsauger*

Abb. 12.20 *Großer Frostspanner*

Abb. 12.21 *Frostspanner Fraßbild*

Abb. 12.22 *Kleiner Frostspanner*

Abb. 12.23 *Hagel*

Abb. 12.24 *Frostschaden am jungen Blatt*

Bekämpfung
Nur chemisch möglich. Vögel reduzieren den Besatz, daher ist das Anbringen von Nistkästen an den Bäumen vorteilhaft.

Birnblattsauger (*Psylla sp.*) (Abb. 12.19)

Im späten Frühjahr rollen sich die Blätter und Jungtriebe teilweise ein, kräuseln sich und verfärben sich schwärzlich und sterben ab. Dieser Schädling wird durch die vorhandenen Nützlinge wie Blumenwanze unter der Schadschwelle gehalten und ist daher wirtschaftlich nicht bedeutend.

Frostspanner (*Operophtera brumata, Erannis defoliaria*) (Abb. 12.20 bis 12.22)

An den Blättern und Blüten sind Fraßstellen mit einem kleinen Gespinst erkennbar. Bei den Früchten kann ein löffelartiger Hohlfraß entstehen. Ältere Raupen machen einen Skelett- und Lochfraß. Sie sind daran erkennbar, dass bei der Fortbewegung der Hinterleib einem hoch aufgerichteten Katzenbuckel gleicht.

Bekämpfung
Das Anbringen von dicht am Stamm anliegenden und ständig frisch präparierten Leimringen ab Anfang Oktober bis Mitte März hilft, einen Besatz an Frostspannern zu senken. Vögel stellen ebenfalls eine biologische Bekämpfung dar.

ABIOTISCHE SCHÄDIGUNGEN

Mechanischer Schaden

Durch Windbewegung (Scheuern), durch Sturmeinwirkungen (Abbrechen von Ästen und Kronenteilen), durch mechanische Beschädigung von Bearbeitungsgeräten, durch Einritzen von Figuren in die Rinde usw. treten Schäden an den Bäumen auf, die bei Nichtbehandlung (Verschmieren der Wunden mit Wundpflegemittel) zum Austrocknen der Wundregion führen. Als Sekundärschaden befallen dann holzzerstörende Pilze, Bakterien und Schädlinge den Wundbereich und beginnen den Zersetzungsprozess, der zum Absterben der befallenen Äste führt. Dürre Äste mit Höhlen können bestimmten Vogel- und Insektenarten eine Heimstätte zum Überleben bieten.

Hagel (Abb. 12.23)

Als nichtkalkulierbarer Witterungseinfluss stellt der Hagelschlag eine große Gefahr dar. Nicht nur die Hagelwunden an der Frucht und am Holz bringen Schäden, sondern auch die durch die Hagelschlossen verursachten Fruchtholzschäden. Das Abschlagen, Abschälen der Rinde bzw. Beschädigen der Fruchtäste und die Fruchtbeschädigungen, die schließlich zum Faulen und zum Abfallen der Früchte führen, vermindern den Ertrag nicht nur im Schadensjahr, sondern aufgrund der Fruchtholzphysiologie auch über die nachfolgenden Jahre hinaus.

Frost (Abb. 12.24)

Spätfröste (Fröste, die im Frühjahr auftreten) schädigen die jungen Blätter, die in ihrem Blattaufbau gestört werden. Dadurch wird die Assimilationsleistung besonders im Frühjahr gemindert. Die Blütenfrostschäden sind durch braune Blütenkronblätter sichtbar. Das empfindlichste Blütenstadium ist jenes, an dem der Pollenkeimschlauch durch den Griffel in den Fruchtknoten hinunter wächst. Dabei genügen geringe Temperaturen unter 0 ° C.

Bei nicht rechtzeitigem Wuchsabschluss im Herbst durch relativ hohe Temperaturen und/oder zu viel Stickstoffrücklieferung aus dem Boden vor dem Frostereignis (Frühfrost) können Temperaturen unter 0 ° C Schäden am Holz hervorrufen. Strahlungs- und Windfröste im Winter schädigen die Rinde und das Kambium sowie die Leitungsbahnen im Holz (vgl. Kap. 13). Frostrisse sollen mit einem scharfen Messer (Veredlungsmesser) an den Wundrändern bis ins gesunde grüne Kambium glatt geschnitten und mit einem Wundverschlussmittel versorgt werden. Bei länger anhaltenden tiefen Wintertemperaturen können empfindliche Bäume (Sorten) oder Kronenpartien letal geschädigt sein, so dass diese im Frühjahr nicht mehr austreiben und anschließend absterben (Apoplexie).

Autoren: H. KEPPEL, A. WIEDNER

Weiterführende Literatur

KEPPEL H., PIEBER K., WEISS J. & HIEBLER A. 1998. Obstbau, Anbau und Verarbeitung, 2. völlig neu bearbeitete Auflage. – Leopold Stocker Verlag, Graz.

KOTTE W. 1948. Krankheiten und Schädlinge im Obstbau und ihre Bekämpfung. – Verlag Paul Parey, Berlin.

POLESNY F., HÖBAUS E. & BLÜMEL S. 1992. Schädlinge und Nützlinge. – Leopold Stocker Verlag, Graz.

STEINER H. 1985. Nützlinge im Garten. – Eugen Ulmer Verlag, Stuttgart.

VUKOVITS G. 2000. Die wichtigsten Obstkrankheiten, 2. Auflage. – Leopold Stocker Verlag, Graz.

13 – HOLZ UND BORKE

HABITUSVERGLEICH APFEL UND BIRNE

In ihrer äußeren Form unterscheiden sich Apfelbäume durch breite, tief angesetzte und sperrige Kronen von den Birnbäumen mit ihren schlanken hohen Kronen mit den auffallenden Fruchtbögen (Abb. 13.4, 13.5). Hochstamm-Apfelbäume erreichen eine Höhe von bis zu 12 m, Birnbäume bis etwa 15 – 20 m. Holzapfel- und Holzbirnbäume können bis zu 25 m hoch werden. Damit einhergehend findet man sowohl Apfel- als auch Birnbäume mit Brusthöhendurchmessern bis 90 cm und einem Baumalter bis zu 120 Jahren bei Äpfeln und 150 bis 200 Jahren bei Birnen (vgl. Kap. 4).

AUFBAU UND EIGENSCHAFTEN DES HOLZES

Der Holzquerschnitt ist durch scharf abgesetzte Ringe gekennzeichnet, die dadurch entstehen, dass im Frühjahr „Frühholz“ gebildet wird, das locker und weich ist. Im Herbst jedoch ist das „Spätholz“ dichter und weist massive Holzstoffeinlagerungen (Lignin) auf, wodurch diese Bereiche dunkler aussehen. Da sich dieser Prozess jährlich wiederholt werden diese Ringstrukturen auch als Jahrringe bezeichnet und können zur Abschätzung des Alters eines Baumes herangezogen werden (Abb. 13.1A). Störungen können allerdings durch Trockenzeiten, Verletzungen und Befall mit Schädlingen auftreten, wobei während solcher Phasen ebenfalls spätholzähnliche Strukturen gebildet werden. Der Holzkörper dient einerseits dem Wasser- und Nährstofftransport von der Wurzel bis zu den Blättern, andererseits der Festigung. Die Wasserleitung erfolgt in toten Röhren (Tracheen), die über den ganzen Jahrring verteilt sind (zerstreut porig) und mit freiem Auge nicht beobachtet werden können. Die Querverbindung zwischen den Gefäßen stellen kleine Poren dar (Tüpfel, Abb. 13.1A-C). Als wichtigste Elemente für die Festigung dienen ebenfalls tote Fasern mit schmalem Durchmesser aber dafür dicken stark verholzten Zellwänden. Zwischen diesen toten Elementen sind lebende Zellen (Parenchymzellen) verstreut oder in Reihen zu mehreren Zellen übereinander eingelagert, welche den Holzkörper quer durchziehen (Markstrahlen, Holzstrahlen). Diese lebenden Zellen dienen der Speicherung von Reservestoffen (wie Stärke), die dann vor allem für den Austrieb verwendet werden. Den Markstrahlen kommt überdies die Aufgabe der Querversorgung des Stammes mit Nährstoffen zu (Abb. 13.1C).

Mit dem Dickerwerden des Stammes werden alte Partien des Holzes für die Wasserleitung nicht mehr benötigt und in diese Bereiche verstärkt Gerbstoffe und auch andere Substanzen eingelagert, wodurch diese Bezirke gegen mikrobielle Zersetzung geschützt werden. Oft ist dieser Bereich, der Kern, durch seine dunkle Farbe auffällig und vom aktiven, wasserleitenden Bereich (Splint) zu unterscheiden. Auf dem anatomischen Bau des Holzes beruhen auch dessen Eigenschaften. Das Holz der Kulturapfelbäume ist weich, die Jahrringe oft undeutlich erkennbar, die Farbe je nach Sorte hell bis rötlich. Die Markstrahlen sind bei Kultursorten wie bei den Wildformen zahlreich oder oft als sogenannte Markflecken erkennbar. Das Holz der Holzäpfel (bzw. Sämlingsunterlagen vgl. Kap. 4) hingegen zeigt einen rötlichen bis rotbraunen Kern, der vom weißen Splint deutlich abgesetzt ist. Die Spätholzzonen sind sehr dunkel und deutlich zu erkennen. Das Holz ist ziemlich hart, biegsam und schwach elastisch.

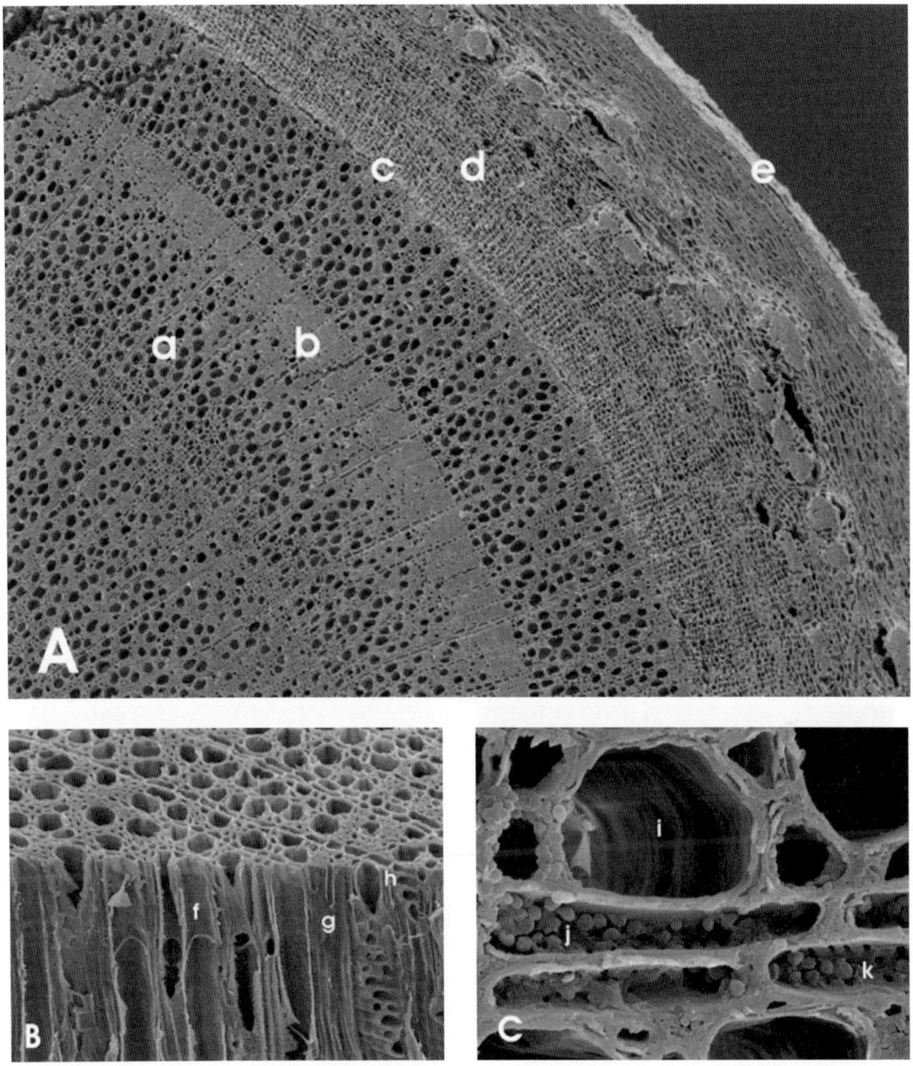

Abb. 13.1 *Rasterelektronenmikroskopische Aufnahmen des Apfelholzes. A: Querschnitt (36x) mit 3 Jahresringen, Frühholz (a) und Spätholz (b), Kambium (c), Bast (d) und Borke (e). B: Radialschnitt (180x) des Holzkörpers mit Tracheen (f), Parenchymzellen (g) und Holzstrahlen (h). C: Querschnitt: Vergrößerung des Gefäßteiles (1800x) Trachee (i), Holzstrahlen mit Stärkekörnern (j) und Tüpfel (k)*

Das Holz der Birnbäume ist hart, schwer spaltbar, biegsam und schwach elastisch, wobei diese Eigenschaften bei den Holzbirnen stärker ausgeprägt sind als bei den Kulturformen. Die Färbung des Kernes ist bräunlich und später auf rötlich (je nach Sorte) umschlagend, die Jahrringe sind deutlich zu erkennen, die Spätholzbereiche sind dunkel gefärbt. Markflecken treten häufig auf. Auch diese Eigenschaften sind bei Holzbirnen stärker ausgebildet als bei den Kulturformen.

BAST (RINDE)

An der äußeren Grenze des Holzzylinders liegt ein teilungsfähiges Gewebe (Kambium), das nach innen Holzgewebe und nach außen Zellen der Rinde (Bast) abgibt, die das Dickenwachstum eines Stammes bewirken.

Alles vom Kambium nach außen abgeschiedene Gewebe wird allgemein als Rinde (Bast) bezeichnet. In den leitenden Elementen des Bastes findet die Leitung der Assimilate und somit die Nährstoffversorgung der Bäume von den Blättern bis zur Wurzel in eigenen Leitelementen (Siebröhren plus Geleitzellen) statt (Abb. 13.1A). Gleichzeitig besitzt die Rinde auch tote, festigende (Bastfasern) und lebende speichernde (Bastparenchym) Zellen. Im äußersten Bereich der Rinde erfolgt die Bildung des toten Abschlussgewebes (Borke) des Stammes, wodurch der Stamm sowohl mechanisch als auch gegen Austrocknung geschützt ist. Mit dem Dickenwachstum wird dieses Gewebe zu eng, es reißt, wodurch die typischen „Rinden“ (Borken) der Bäume entstehen. Die Apfelbäume zeigen eine grob dünnschuppige Borke, braun bis silbrigglänzend. Die Borke der Birnbäume ist graubraun, tiefrissig mit nahezu würfelförmiger Struktur (Abb. 13.2, 13.3).

Abb. 13.2. *Borke des Apfelbaumes*

Abb. 13.3 *Borke des Birnbaumes*

SCHÄDLINGE DES HOLZES UND STAMMES

Die überwiegende biologische Bewirtschaftungsform der Streuobstwiesen lässt natürlich immer wieder einige Schädlinge im Stamm- und Holzbereich aufkommen. Hier soll wieder, wie auch in den vorangegangen Kapiteln 11 und 12, nur auf die wichtigsten und auffälligsten Merkmale eingegangen werden. Im Übrigen sei auf die weiterführende Literatur verwiesen.

Efeu (*Hedera helix*) (Abb. 13.6)

Der Efeu ist ein Kletterstrauch, der mit Hilfe von Haftwurzeln Höhen bis 20 m erklimmen kann. Er windet sich oft an Bäumen empor, entzieht ihnen aber keine Nährstoffe, wie das bei einer Schmarotzerpflanze der Fall ist.

Allerdings „würgt" der verholzende Efeustamm seinen Baum, was dazu führen kann, dass dieser im Laufe der Jahre eingeht. In trockenen Jahren ist der Efeu für den Wirtsbaum ein bedeutender Wasserkonkurrent.

Bei starkem Bewuchs ist der Baum freizuschneiden.

Mistel (*Viscum album*) (Abb. 13.7)

Die Mistel ist ein Parasit, der teils auf Nadelhölzern (Tannen- oder Föhrenmistel) und auf Laubhölzern (Apfel, Birne, Linde, u.a.) vorkommt. *Viscum album* ist immergrün und trägt von Herbst bis Winter Früchte, klebrige weiße Beeren.

Die weißen Früchte werden von Vögeln, hauptsächlich Drosseln, verbreitet. Die Samen sind im klebrigen Schleim eingebettet, der an den Schnäbeln haften bleibt und von den Vögeln an Ästen abgewischt wird. Dadurch und mit dem Kot der Vögel gelangen die Samen auf neue Wirtspflanzen. Bäume mit steil aufrechten Ästen werden von Misteln nicht oder nur selten besiedelt. Sie bieten Vögeln keine bequeme Sitzmöglichkeit und werden deshalb auch nicht infiziert.

Die Mistel dringt zunächst mit Rindenwurzeln durch die Borke des Wirtes ein und bildet dann Haustorien (Senker) aus, die den Kontakt zu den Gefäßbündeln der Wirtspflanze herstellen. Mit Hilfe von Bildungsgewebe ist die Mistel in der Lage dem Wachstum der Wirtspflanze zu folgen.

Der Parasit betreibt selbst Photosynthese, seine im Vergleich zur Wirtspflanze ungewöhnlich hohe Transpirationsrate lässt darauf schließen, dass über die erhöhte Wasserzufuhr der Bedarf an Ionen (Calcium, Kalium und besonders Phosphat und Nitrat) abgedeckt wird.

Was bei günstiger Wasserversorgung des Baumes und bei geringem Mistelbesatz keine ernste Bedrohung darstellt, kann bei schlechter Wasserversorgung (in Trockenjahren z.B.) und/oder bei sehr starkem Mistelbefall zu gravierendem Zuwachsverlust, starker Schwächung und auch zum Absterben von Ästen, Kronenpartien und ganzen Bäumen führen.

Die Haustorien (Senker) hinterlassen nach dem Absterben der Mistel Löcher, die das Holz weitgehend entwerten.

Obstbaumkrebs (*Nectria galligena*) (Abb. 13.8)

Nach Verletzungen, z.B. durch Hagel, Schnitt- oder Pflückwunden, kommt es zur Wundinfektion durch dieses Pilzgewebe. Es entstehen Wucherungen an Stamm und Zweigen. Im Bereich der Wunde kann sich die Rinde ablösen. Oberhalb der Wunde stirbt der Trieb ab. Die Vermehrung des Pilzes erfolgt durch Sporen, wobei in den Sommermonaten weiße Sporenlager sichtbar sind. Die geschlechtlichen roten kugeligen Schlauchfrüchte sind während des Winters tiefer in den Rindenritzen zu finden. Aufgrund der zwei Sporenarten ist eine Infektion zu jeder Jahreszeit möglich. Die Verbreitung des Erregers erfolgt durch Regen, Wind und Insekten. Besonders gefährlich ist die Zeit nach dem Winterfrost, wenn es zu stärkeren Regenfällen kommt.

Bekämpfung

Befallenes Holz wegschneiden, mit einem Krebsmittel oder Kupferoxychlorid spritzen (Kupfermittel sind in Gärten nicht mehr zugelassen).

Abb. 13.4 *Habitus Apfel*

Abb. 13.5 *Habitus Birne*

Abb. 13.6 *Von Efeu befallener Birnbaum*

Abb. 13.7 *Mistel*

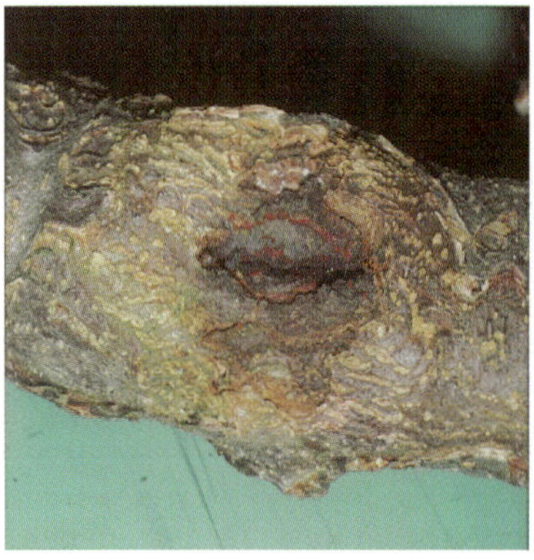

Abb. 13.8 *Obstbaumkrebs*

Abb. 13.9 *Hallimasch*

Abb. 13.10 *Baumschwamm*

Abb. 13.11 *Ungleicher Holzbohrer*

Abb. 13.12 *Blausieb*

Abb. 13.13 *Blausieb*

Abb. 13.14 *Wühlmausschaden am Wurzelstrunk*

Abb. 13.15 *Wildschaden am Stamm*

Schwämme

Hallimasch (*Armillaria mellea*) (Abb. 13.9) und andere Pilze (z.B. Schwefelporling, *Laetiporus sulphureus*) dringen in das Pflanzengewebe ein. Sie können Bäume schwer schädigen oder zum Absterben bringen. Einer der gefährlichsten Pilze ist der Hallimasch. Eine wichtige Rolle beim Infektionsvorgang spielen die Rhizomorphen. Dies sind wurzelähnliche sterile Myzelstränge, die zum Nährstoff- und Wassertransport dienen. Die besten Voraussetzungen für den Pilz, als Parasit zu wirken, ergeben sich dann, wenn Pflanzen durch Einwirkung von Stressfaktoren geschwächt sind. Hierzu gehören z.B. Pflanzschock, Auswirkungen von Trockenjahren, aber auch Schädlingsplagen, Staunässe, Wasser- und Nährstoffmangel usw. Wenn es einem Baum nicht gelingt, den durch Wunden oder direkt durch die Rinde in die Wurzel eindringenden Pilz aus eigener Kraft abzuwehren, vermag sich dieser im Kambialbereich zwischen Rinde und Holz nach oben hin auszubreiten. Der Befall des Kambiums führt dazu, dass der Baum abstirbt, was sich allerdings über Jahre hinziehen kann.

Gegenmaßnahmen

Die Pflanzung von Bäumen muss wurzelschonend erfolgen mit möglichst geringer Verdichtung und Beeinträchtigung des umgebenden Bodens. Eine entscheidende Rolle im Kampf gegen den Hallimasch spielt die Vitalität der Pflanzen, die durch Klima, Standort, Ernährung, auch durch weitere Schaderreger negativ beeinflusst werden kann. Vom Hallimasch befallene Pflanzen sind frühzeitig zu entfernen. Dabei ist darauf zu achten, dass Stubben und Wurzeln sorgfältig beseitigt werden. Wunden sind mit Baumwachs zu behandeln.

Auf alten dürren Ästen und Stämmen sind vielfach auffällige Fruchtkörper von Pilzen anzutreffen. Hier handelt es sich jedoch in der Regel um Pilze, die das Totholz abbauen und sich davon ernähren (Abb. 13.10).

Ungleicher Holzbohrer (*Anisandur dispar*) (Abb. 13.11)

Der Käfer verursacht an Holz und Borke große Schäden. Männchen 2 mm groß, ohne Flügel, Körper wie eine Halbkugel gewölbt. Das Weibchen ist erkennbar an seinen langen Flügeln, dunkelbrauner bis schwarzer Farbe und bis 5 mm großem gewölbtem Körper. Es bohrt erst einen tiefen Hauptgang in das Holz. Meistens nahe einer Gabelung entstehen dann Seitengänge. Diese Gänge dienen der Eiablage (April bis Mai), die Verpuppung erfolgt im Holzinneren, die jungen Käfer (Juli bis August) schlüpfen und überwintern auch in den Gängen.

In der Rinde sind viele, bis zu 3 mm große, runde Bohrlöcher sichtbar, die bis ins Holz reichen. Die Rinde löst sich leicht ab; es bleibt manchmal Holzwurmmehl daran hängen.

Der Ungleiche Holzbohrer ist ein Schwächeparasit, er befällt nur kränkelnde Bäume.

Bekämpfung

Die Bekämpfung ist sehr schwierig. Abgestorbene Teile sofort abschneiden und verbrennen. Bohrlöcher zukleben. Von Anfang April bis Mitte Mai mit Alkohol gefüllte Holzbohrerfallen aufstellen, rote Leimfallen aushängen.

Blausieb und Weidenbohrer (*Zeuzera pyrina, Cossus cossus*) (Abb. 13.12, 13.13)

Ähnliches Schadbild wie beim ungleichen Holzbohrer, nur ist der Hauptbefallsbereich das Astgerüst. Befallene Bäume beginnen zu kränkeln.

Bekämpfung

Bohrloch suchen, Bohrmehl ist unterhalb am Boden sichtbar. Mit Blumendraht Loch bis zu weichem Widerstand ausstochern.

Wühlmaus (*Arvicola terrestris*) (Abb. 13.14)

Schädigen durch Wurzelfraß, besonders in schweren Böden. Pro Jahr treten mehrere Generationen auf, kannibalisches Leben. Die Gänge sind verschieden ausgebaut: hochoval (bis 6-7 cm Durchmessser, leichte Erdkrümmel am Boden liegend, oft Krallenspuren am Boden sichtbar, kleine Erdoberflächenauswürfe). Das Gangsystem ist in Hauptgang, in Fraßgang zu den einzelnen Objekten und in Fluchtgänge gegliedert. Laufende Kontrollen und Bekämpfung sind notwendig. Beim Pflanzen Gitterkörbe um die Wurzeln anbringen. Das Gitter soll aus der Erde herausragen und um den Stamm gewickelt werden, um ein Eindringen der Mäuse zwischen Gitter und Stamm zu verhindern.

Bekämpfung

Fallenstellen in den Gängen. Altes Hausmittel: Begasen mit Zweitaktmotoren-Auspuffgasen. Köderauslegen, Aufstellen von Greifvogelaufsitzstangen.

Wild (Abb. 13.15)

Vor Wildschäden schützt man den Baum durch Schutzkörbe um den Stamm bzw. durch Anstreichen der Stämme mit Kalk-, Lehm- und Kuhfladengemisch, was gleichzeitig einen Frostschutz darstellt. Die Schutzkörbe dürfen nicht am Stamm anliegen, damit die Hasen nicht durch das Geflecht die Rinde abschälen können. Gleiches gilt für Rehe. Schadstellen sind nach dem Schälen der Rinde mit einem Wundverschluss gegen das Austrocknen und gegen Infektionen von holzzerstörenden Pilzen zu schützen.

HOLZNUTZUNG

Obstgehölze zählen zu den edlen Verarbeitungsgehölzen. Die natürlichen Wildbestände an Obstgehölzen sterben langsam aus, da in Westeuropa im Rahmen der Waldbewirtschaftung der Mischwaldbestand als reiner Holzgehölzewald angelegt ist. Höchstens auf Lichtungen und an Waldrändern stehen vereinzelt aus Vogelverdauungsexkrementen wild aufgegangene Obstbäume. Auch der reichliche Wildbestand hat durch das Schälen der Stämme bzw. Verfegen von Obstbäumen zum Ausdünnen der Obstbäume in den Mischwäldern beigetragen. Heute denken fortschrittliche Forstverwaltungen an das Auspflanzen von hochstämmigen Obstbäumen auf Lichtungen und an Waldrändern, auch an die Wiederanlage von Wegrandbepflanzungen und Obstalleen an waldnahen Wegen, um dem Wild in den Wintermonaten durch das am Boden liegende und vom Menschen nicht geerntete Fallobst einen Nährstoffausgleich in der Äsung durch Obst zu geben und so das Schälen der Waldbäume zu verh(m)indern. In Vergessenheit geraten ist die hochwertige Holzverarbeitung der Obstgehölze. Das Holz von Apfelkultursorten wird wegen seiner Beschaffenheit kaum für hochwertige Holzverarbeitung benutzt und ist nur gelegentlich als Furnierholz gefragt. Das Holz der Wildformen hingegen wird in der Kunsttischlerei und Drechslerei sowie für Holzwerkzeuge verwendet. Es dient auch als Furnierholz. Birnenholz dient als Rund-, Schnitt- und Möbelholz. So sind beispielsweise viele Holztische in Bauernstuben oder -küchen aus dem robusten Birnenholz gefertigt. Besonders beliebt sind zartflammige Birnenholzstrukturen, die der Schweizer-Wasser-Birnbaum aus etwas hageren Standflächen liefert. Dieses Holz ist häufig in Gebrauch für Schnitzereien, wird für Werkzeuge verwendet und Wein- und Obstpressen sind oft aus diesem Holz gebaut. Das Holz der Birne wird auch gerne als Furnierholz verwendet. Besonders gefragt ist das Holz der Wildbirne, da es sehr gut polierbar ist und für Musikinstrumente verwendet werden kann. Aufgrund seiner Färbung dient es auch als Furnierholz und als Ebenholzersatz bei Intarsien. Die Anforderungen an Furnierholzware sind gesunde, astreine, gerade Stämme. Die Blochstammlänge beginnt ab 2 m, der mittlere Mindeststammdurchmesser sollte (25) bis 30 cm betragen.

Die Birne und der Apfel zählen zu den feuerbrandgefährdeten Gehölzen. Blochholz von befallenen Stämmen kann für die hochwertige Holzverarbeitung aber nach entsprechenden hitzegestützten Desinfektionsmaßnahmen (Hitzekammer, in der Vegetation: abdecken der Bloche nach dem Fällen mit schwarzen Plastikfolien und längeres Liegenlassen) verwendet und soll nicht als Brennholz vernichtet werden. Obstbaumholz ist zu schade, um als Brennholz oder Hackschnitzel zu enden! Es gehört in die hochwertige Holzverarbeitung!

Autoren: K. FAULAND, D. GRILL, H. KEPPEL, A. WIEDNER

Weiterführende Literatur

BÄRNER J. 1942. Die Nutzhölzer der Welt. – Verlag J. Neumann, Neudamm.
GREGUSS P. 1959. Holzanatomie der europäischen Laubhölzer und -sträucher. – Akademiai Kiado, Budapest.

Farbtafeln

ZUSAMMENSTELLUNG DER FARBTAFELN

K. HERBINGER
K. FAULAND

unter Mitarbeit von K. HECKE, B. MARKTL, Ch. SCHREINER, St. MONSCHEIN.

FACHLICHE BERATUNG

S. BERNKOPF

Die Abbildungen wurden dem Bildmaterial der Arbeitsgruppe Kernobst im Institut für Pflanzenwissenschaften entnommen (siehe Dank).

Adersleber Kalvill

Herkunft: Deutschland, um 1830
Fruchtfleisch: hellgelb, saftig, feinzellig, weich, mürbe
Geschmack: süßlich, mittelstark würzig
Pflückreife: Mitte bis Ende Oktober
Genussreife: Oktober bis März
Verwendung: Tafelapfel
Widerstandsfähigkeit: in feuchten Lagen schorfanfällig

Ananasrenette

Herkunft: unsicher, Belgien oder Holland, um 1800
Fruchtfleisch: gelblich, saftig, mittelfeinzellig
Geschmack: säuerlich, stark sortentypisch würzig
Pflückreife: Mitte bis Ende Oktober
Genussreife: bis Februar, März
Verwendung: Tafelobst
Widerstandsfähigkeit: anfällig für Mehltau, Krebs

Baumanns Renette

Herkunft: Belgien, um 1800
Fruchtfleisch: gelblichweiß, saftig, grobzellig, sehr hart
Geschmack: süßlich, teils schwach würzig
Pflückreife: Mitte bis Ende Oktober
Genussreife: Dezember bis März
Verwendung: Tafel- und Wirtschaftsobst
Widerstandsfähigkeit: schorf- und krebsanfällig

Berner Rosenapfel

Herkunft: Schweiz, 1865
Fruchtfleisch: grünlichweiß, in Schalennähe rot, saftig
Geschmack: süß-säuerlich, schwach würzig
Pflückreife: Ende September bis Mitte Oktober
Genussreife: bis Februar
Verwendung: Tafel- und Haushaltsobst
Widerstandsfähigkeit: schorf- und mehltauanfällig

Boikenapfel

Herkunft: Deutschland, 1828
Fruchtfleisch: weiß, saftig, mittelfeinzellig, mittelhart
Geschmack: säuerlich-süß, sehr gering würzig
Pflückreife: Mitte bis Ende Oktober
Genussreife: Jänner bis Mai
Verwendung: Tafel- und Wirtschaftsapfel
Widerstandsfähigkeit: empfindlich gegenüber Kupfer

Brünnerling-Gruppe

Herkunft: Österreich, um 1600
Fruchtfleisch: weiß, saftig, mittelfeinzellig, hart
Geschmack: säuerlich-süß, ohne Würze
Pflückreife: Mitte bis Ende Oktober
Genussreife: Dezember bis April
Verwendung: Haushaltsapfel
Widerstandsfähigkeit: schorf- und krebsanfällig

Champagner Renette

Herkunft: Frankreich, um 1700
Fruchtfleisch: gelblichweiß, saftig, grobfeinzellig, hart
Geschmack: säuerlich, schwach würzig
Pflückreife: Mitte bis Ende Oktober
Genussreife: bis Mai lagerfähig
Verwendung: Tafel- und Haushaltsapfel
Widerstandsfähigkeit: schorf- und krebsanfällig

Charlamowsky

Herkunft: Russland, Anfang 19. Jahrhundert
Fruchtfleisch: weiß, saftig, feinzellig, mittelhart
Geschmack: säuerlich, mittelstark würzig
Pflückreife: Mitte bis Ende August
Genussreife: Ende August bis Mitte September
Verwendung: Tafel- und Wirtschaftsapfel
Widerstandsfähigkeit: beständig gegen Schädlinge

Coulons Renette

Herkunft: Belgien, um 1856
Fruchtfleisch: grünlichweiß, saftig, feinzellig
Geschmack: säuerlich-süß, leicht würzig
Pflückreife: Mitte Oktober
Genussreife: Dezember bis März
Verwendung: Tafel- und Wirtschaftsapfel
Widerstandsfähigkeit: liebt feuchte Böden

Cox Orange

Herkunft: England, um 1850
Fruchtfleisch: gelblichweiß, saftig, mittelfeinzellig, fest
Geschmack: süß-säuerlich, sortentypisch würzig
Pflückreife: Ende September bis Mitte Oktober
Genussreife: Oktober bis Jänner
Verwendung: Tafelapfel
Widerstandsfähigkeit: krankheitsanfällig

Damasonrenette

Herkunft: Frankreich, um 1600
Fruchtfleisch: grünlichweiß, saftig, feinzellig, fest
Geschmack: süßsäuerlich, mittelstark würzig
Pflückreife: Mitte bis Ende Oktober
Genussreife: Dezember bis April
Verwendung: Tafel- und Wirtschaftsapfel
Widerstandsfähigkeit: frosthart

Danziger Kantapfel

Herkunft: unbekannt, bereits 1760 beschrieben
Fruchtfleisch: grünlichweiß, Schalenränder rot, saftig
Geschmack: säuerlich-süß, schwach würzig
Pflückreife: Ende September bis Anfang Oktober
Genussreife: Oktober bis Dezember
Verwendung: Tafel- und Haushaltsapfel
Widerstandsfähigkeit: frosthart, schorfanfällig

Elise Rathke

Herkunft: Deutschland, 1880
Fruchtfleisch: gelblichweiß-weiß, fein, oft mürbe
Geschmack: weinsäuerlich, schwach würzig
Pflückreife: Oktober
Genussreife: November bis März
Verwendung: Tafel- und Wirtschaftsapfel
Widerstandsfähigkeit: anspruchslos

Geflammter Kardinal

Herkunft: Deutschland, 1801 beschrieben
Fruchtfleisch: grünlichweiß, saftig, mittelfeinzellig
Geschmack: säuerlich-süß, ohne Würze
Pflückreife: September
Genussreife: bis Februar
Verwendung: Tafel- und Haushaltsapfel
Widerstandsfähigkeit: geringe Klimaansprüche

Geheimrat Dr. Oldenburg

Herkunft: Deutschland, 1897
Fruchtfleisch: gelblichweiß, saftig, feinzellig
Geschmack: süßlich, mild, geringe spezifische Würze
Pflückreife: Mitte bis Ende Oktober
Genussreife: bis Jänner
Verwendung: Tafel-, Haushaltsapfel
Widerstandsfähigkeit: wenig krankheitsanfällig

Gelber Bellefleur

Herkunft: Nordamerika, um 1800
Fruchtfleisch: gelblichweiß, mäßig saftig, feinzellig
Geschmack: süß, fein würzig
Pflückreife: Mitte Oktober
Genussreife: November bis März
Verwendung: Tafelapfel
Widerstandsfähigkeit: wenig witterungsempfindlich

Glockenapfel

Herkunft: Deutschland
Fruchtfleisch: weiß, saftig, mittelfeinzellig, hart
Geschmack: feinsäuerlich, schwach würzig
Pflückreife: Mitte bis Ende Oktober
Genussreife: Jänner bis Mai
Verwendung: Tafelapfel
Widerstandsfähigkeit: schorfanfällig

Gloria Mundi

Herkunft: Amerika
Fruchtfleisch: grün-gelblichweiß, mäßig saftig, grobzellig
Geschmack: ohne Würze
Pflückreife: Mitte Oktober
Genussreife: bis Mai
Verwendung: Wirtschaftsapfel
Widerstandsfähigkeit: auf guten Böden bis in raue Lagen

Goldrenette von Blenheim

Herkunft: England, 1740
Fruchtfleisch: gelblichweiß, saftig, mittelhart-mürb
Geschmack: süß-säuerlich, starke, typische Würze
Pflückreife: Anfang Oktober
Genussreife: November bis März
Verwendung: Tafelapfel
Widerstandsfähigkeit: krebs- und blattlausanfällig

Grahams Jubiläumsapfel

Herkunft: England, 1888
Fruchtfleisch: weißlichgelb, locker, mäßig saftig
Geschmack: süß-feinsäuerlich
Pflückreife: Mitte September
Genussreife: Oktober bis November/Dezember
Verwendung: Tafel- und Wirtschaftsapfel
Widerstandsfähigkeit: krankheitswiderstandsfähig

Graue Herbstrenette

Herkunft: Frankreich, um 1800
Fruchtfleisch: grünlichweiß, saftig, mürb, grobzellig
Geschmack: süß-säuerlich, schwach würzig
Pflückreife: Ende September bis Mitte Oktober
Genussreife: bis Dezember
Verwendung: Tafel- und Haushaltsapfel
Widerstandsfähigkeit: frost- und nässeempfindlich

Gravensteiner

Herkunft: unsicher, seit 1669 bekannt
Fruchtfleisch: hellgelb, saftig, feinzellig, weich
Geschmack: süß-säuerlich, stark würzig
Pflückreife: Ende August bis Anfang September
Genussreife: bis November
Verwendung: Tafelapfel
Widerstandsfähigkeit: anfällig für Schorf, Spätfrost

Großer Rheinischer Bohnapfel

Herkunft: Deutschland, um 1750
Fruchtfleisch: gelblichweiß, saftig, grobzellig, hart
Geschmack: säuerlich, ohne Würze
Pflückreife: Ende Oktober
Genussreife: bis Mai
Verwendung: Haushalts-, Wirtschaftsapfel
Widerstandsfähigkeit: recht robust, schorfanfällig

Grüner Stettiner

Herkunft: Deutschland, 1598
Fruchtfleisch: grünlich, knackend, saftig, grobzellig
Geschmack: säuerlich, wenig Zucker, ohne Würze
Pflückreife: Oktober
Genussreife: bis April
Verwendung: Tafelapfel
Widerstandsfähigkeit: schorfanfällig

Hagedorn

Herkunft: unbekannt
Fruchtfleisch: grün, knackig, spritzig, grobzellig
Geschmack: süß, gering säuerlich, aromatisch
Pflückreife: Anfang September
Genussreife: bis Mitte November
Verwendung: Tafel-, Wirtschaftsapfel
Widerstandsfähigkeit: mäßig krankheitsanfällig

Harberts Renette

Herkunft: Deutschland, 1828
Fruchtfleisch: gelblichweiß, saftig, mittelfeinzellig
Geschmack: süß-säuerlich, mittelstark würzig
Pflückreife: Anfang bis Mitte Oktober
Genussreife: Dezember bis Februar
Verwendung: Tafelapfel
Widerstandsfähigkeit: anbaufähig in Höhenlagen

Haslinger

Herkunft: Ungarn, 1871
Fruchtfleisch: grünlich, saftig, mittelfeinzellig, weich
Geschmack: süß-säuerlich, ohne Würze
Pflückreife: Mitte bis Ende Oktober
Genussreife: Dezember bis Mai
Verwendung: Haushaltsapfel
Widerstandsfähigkeit: widerstandsfähig gegen Frost

Hausmütterchen

Herkunft: Russland, 1805
Fruchtfleisch: weiß, saftig, feinzellig, weich, mürbe
Geschmack: süßlich, schwach würzig
Pflückreife: Ende September
Genussreife: Oktober bis Anfang Dezember
Verwendung: Haushaltsapfel
Widerstandsfähigkeit: frosthart

Ilzer Rosenapfel

Herkunft: Steiermark
Fruchtfleisch: weiß, Schalenrand rosa, saftig, mittelhart
Geschmack: süß-säuerlich, weinartige Würze
Pflückreife: Mitte Oktober
Genussreife: November bis März
Verwendung: Tafel-und Haushaltsapfel
Widerstandsfähigkeit: widerstandsfähig gegen Forst

Ingrid Marie

Herkunft: Dänemark, 1910
Fruchtfleisch: grünlich-cremegelb, saftig, mürbe
Geschmack: süß-mildsäuerlich
Pflückreife: Mitte bis Ende September
Genussreife: bis Jänner
Verwendung: Tafelapfel
Widerstandsfähigkeit: anfällig für Fruchtfäule, Krebs

Jakob Lebel

Herkunft: Frankreich, 1825
Fruchtfleisch: gelblichweiß, saftig, feinzellig, weich
Geschmack: leicht säuerlich, schwach würzig
Pflückreife: Mitte September
Genussreife: Oktober bis Jänner
Verwendung: Tafel- und Haushaltsapfel
Widerstandsfähigkeit: holzfrost- und schorfanfällig

Jonathan

Herkunft: USA, um 1800
Fruchtfleisch: gelblichweiß, saftig, mittelfeinzellig, fest
Geschmack: säuerlich-süß, leicht würzig, parfümiert
Pflückreife: Ende September bis Mitte Oktober
Genussreife: November bis März
Verwendung: Tafelapfel
Widerstandsfähigkeit: mehltauanfällig, wärmeliebend

Kaiser Alexander

Herkunft: Südrussland, um 1800
Fruchtfleisch: weiß, saftig, mittelfeinzellig, weich, mürbe
Geschmack: süß, schwach würzig
Pflückreife: Mitte Oktober
Genussreife: Oktober bis November
Verwendung: Tafelapfel
Widerstandsfähigkeit: anfällig gegen Fruchtfälle

Kaiser Wilhelm

Herkunft: Deutschland, 1864
Fruchtfleisch: weißgelblich, saftig, mittelfeinzellig, fest
Geschmack: säuerlich-süß, mittelstark würzig
Pflückreife: Anfang bis Mitte Oktober
Genussreife: bis Februar
Verwendung: Tafel-, Saft-, Mostapfel
Widerstandsfähigkeit: robuste Bäume

Kalterer Böhmer

Herkunft: Südtirol
Fruchtfleisch: weiß, saftig, mittelfeinzellig, mittelhart
Geschmack: süß-säuerlich, leicht würzig
Pflückreife: Anfang Oktober
Genussreife: November bis Februar
Verwendung: Tafelapfel
Widerstandsfähigkeit: schorfanfällig, frosthart

Kanada Renette

Herkunft: Frankreich, 1771
Fruchtfleisch: gelblichweiß, saftig, feinzellig, hart-mürbe
Geschmack: säuerlich-süß, mittelstark würzig
Pflückreife: Mitte Oktober
Genussreife: Dezember bis April
Verwendung: Tafel- und Wirtschaftsapfel
Widerstandsfähigkeit: frost-, krebsanfällig

Kantil Sinap

Herkunft: vermutlich Ukraine
Fruchtfleisch: weiß, saftig, feinzellig, zart
Geschmack: süß-säuerlich, weinig, fein würzig
Pflückreife: Mitte September
Genussreife: November bis März
Verwendung: Tafelapfel
Widerstandsfähigkeit: kaum krankheitsanfällig

Kardinal Graf Galen

Herkunft: unbekannt
Fruchtfleisch: weiß, saftig, mittelfeinzellig, mittelhart
Geschmack: säuerlich-süß, ohne Würze
Pflückreife: September bis Anfang Oktober
Genussreife: Oktober bis November
Verwendung: Tafel-, Haushaltsapfel
Widerstandsfähigkeit: mehltau-, schorfunempfindlich

Karmeliter Renette

Herkunft: Frankreich, 1667
Fruchtfleisch: hellgelb, saftig, feinzellig, fest-mürbe
Geschmack: süß-säuerlich, leicht würzig, weinig
Pflückreife: Oktober
Genussreife: Dezember bis März
Verwendung: Tafel-, Wirtschaftsapfel
Widerstandsfähigkeit: für raue Lagen nicht geeignet

Klöcher Maschanzker

Herkunft: Österreich, um1800
Fruchtfleisch: grünlich, saftig, feinzellig, knackig, hart
Geschmack: stark süß-säuerlich, weinig, aromatisch
Pflückreife: Oktober
Genussreife: November bis März
Verwendung: Wirtschaftsapfel
Widerstandsfähigkeit: schorfanfällig

Kronprinz Rudolf

Herkunft: Steiermark, 1860
Fruchtfleisch: weiß, saftig, feinzellig, mittelhart
Geschmack: süß-säuerlich, schwach würzig
Pflückreife: Ende September
Genussreife: November bis Februar
Verwendung: Tafel- und Haushaltsapfel
Widerstandsfähigkeit: relativ frosthart, schorfanfällig

Landsberger Renette

Herkunft: Polen, 1850
Fruchtfleisch: gelblichweiß, saftig, feinzellig
Geschmack: süß, weinig, schwach würzig
Pflückreife: Ende September
Genussreife: Mitte Oktober bis Jänner
Verwendung: Tafel-, Wirtschaftsapfel
Widerstandsfähigkeit: schorf-, mehltauanfällig

Lavanttaler Bananenapfel

Herkunft: USA, um 1870
Fruchtfleisch: gelblichweiß, saftig, mittelhart, feinzellig
Geschmack: säuerlich-süß, bananenartige Würze
Pflückreife: Oktober
Genussreife: bis Dezember
Verwendung: Tafelapfel
Widerstandsfähigkeit: frosthart, gering schorfanfällig

London Pepping

Herkunft: England, um 1600
Fruchtfleisch: gelblichweiß, saftig, feinzellig, hart-mürbe
Geschmack: säuerlich-süß, mittelstark würzig
Pflückreife: Ende Oktober
Genussreife: Dezember bis April
Verwendung: Tafelapfel
Widerstandsfähigkeit: mehltau-, schorfanfällig

Moringer Rosenapfel

Herkunft: Deutschland, 1830
Fruchtfleisch: weiß, saftig, feinzellig
Geschmack: süß-weinig, würzig
Pflückreife: September
Genussreife: September bis November
Verwendung: Tafel- und Haushaltsapfel
Widerstandsfähigkeit: mäßig krankheitsanfällig

Odenwälder

Herkunft: Deutschland
Fruchtfleisch: weiß, saftig, mittelfeinzellig, hart-mürbe
Geschmack: feinsäuerlich, schwach würzig
Pflückreife: Anfang Oktober
Genussreife: November bis Dezember
Verwendung: Tafel-, Haushaltsapfel
Widerstandsfähigkeit: relativ krankheitsresistent

Ontario

Herkunft: Kanada, 1874
Fruchtfleisch: weißgelblich, saftig, mittelfeinzellig
Geschmack: säuerlich-süß, ohne Würze
Pflückreife: Ende Oktober
Genussreife: Dezember bis Mai
Verwendung: Tafel-, Haushaltsapfel
Widerstandsfähigkeit: bevorzugt warme Lagen

Parkers Pepping

Herkunft: England, 19. Jahrhundert
Fruchtfleisch: gelblichweiß, saftig, mittelhart-mürbe
Geschmack: süß-säuerlich, stark würzig
Pflückreife: Ende Oktober
Genussreife: Dezember bis März
Verwendung: Tafel-, Haushaltsapfel
Widerstandsfähigkeit: für höhere Lagen geeignet

Purpurroter Cousinot

Herkunft: Deutschland, 16. Jahrhundert
Fruchtfleisch: gelblichweiß, Schalennähe rot, saftig, hart
Geschmack: säuerlich-süß, schwach würzig
Pflückreife: Mitte bis Ende Oktober
Genussreife: Dezember bis April
Verwendung: Tafel- und Haushaltsapfel
Widerstandsfähigkeit: gut gegen Frost, schorfanfällig

Quittenmaschanzker

Herkunft: Österreich
Fruchtfleisch: weißlich, saftig, grobzellig, knackig, fest
Geschmack: süß-säuerlich, weinig
Pflückreife: Oktober
Genussreife: November bis März
Verwendung: Wirtschaftsapfel
Widerstandsfähigkeit: schorfanfällig

Rheinischer Krummstiel

Herkunft: Deutschland, 1821
Fruchtfleisch: grünlich-gelblichweiß, saftig, sehr fest
Geschmack: süß-säuerlich, schwach würzig
Pflückreife: Mitte bis Ende Oktober
Genussreife: Dezember bis Mai
Verwendung: Tafel-, Haushaltsapfel
Widerstandsfähigkeit: frosthart

Rote Schafnase

Herkunft: Steiermark
Fruchtfleisch: weiß, saftig, feinzellig, locker
Geschmack: süß-säuerlich, aromatisch
Pflückreife: Mitte September
Genussreife: Oktober
Verwendung: Tafel-, Haushaltsapfel
Widerstandsfähigkeit: gering krebsanfällig

Roter Astrachan

Herkunft: Russland, 1780
Fruchtfleisch: gelblichweiß, Schalennähe rot, saftig
Geschmack: säuerlich-süß, schwach würzig
Pflückreife: Anfang bis Mitte August
Genussreife: zwei bis drei Wochen haltbar
Verwendung: Tafelapfel
Widerstandsfähigkeit: auch für höhere, kältere Lagen

Roter Boskoop

Herkunft: Deutschland, 1923
Fruchtfleisch: grünlichgelb-gelb, saftig, grobzellig
Geschmack: säuerlich, schwach würzig
Pflückreife: Oktober
Genussreife: Dezember bis Februar
Verwendung: Tafel- und Wirtschaftsapfel
Widerstandsfähigkeit: frosthart, schorfanfällig

Roter Gravensteiner

Herkunft: unsicher
Fruchtfleisch: hellgrün, saftig, grobzellig, locker
Geschmack: süß-säuerlich, schwach aromatisch
Pflückreife: Ende August bis Anfang September
Genussreife: bis November
Verwendung: Tafelapfel
Widerstandsfähigkeit: gering krankheitsanfällig

Roter Herbstkalvill

Herkunft: Frankreich, 1670
Fruchtfleisch: weiß, rosa gefärbt, saftig, weich, mürbe
Geschmack: süß-säuerlich, himbeerartig würzig
Pflückreife: Ende September
Genussreife: Oktober bis November
Verwendung: Tafelapfel
Widerstandsfähigkeit: mehltau-, schorfanfällig

Roter Jungfernapfel

Herkunft: Österreich, um 1800
Fruchtfleisch: gelblichweiß, Schalenrand rot, saftig, hart
Geschmack: säuerlich-süß, weinig, leicht würzig
Pflückreife: Anfang bis Mitte Oktober
Genussreife: November bis März
Verwendung: Haushaltsapfel
Widerstandsfähigkeit: relativ frosthart, schorfanfällig

Roter Stettiner

Herkunft: Deutschland, etwa 1750
Fruchtfleisch: grünlichweiß, saftig, mittelfeinzellig, fest
Geschmack: säuerlich-süß, nicht bis schwach würzig
Pflückreife: Ende Oktober
Genussreife: Dezember bis Mai/Juni
Verwendung: Tafel- und Haushaltsapfel
Widerstandsfähigkeit: robust auf gut versorgten Böden

Roter Trierer Weinapfel

Herkunft: Deutschland, 1872
Fruchtfleisch: grünlich-gelb, saftig, sehr fest
Geschmack: säuerlich, leicht herb
Pflückreife: November
Genussreife: bis April
Verwendung: Haushalts-, Wirtschaftsapfel
Widerstandsfähigkeit: verlangt gute Böden

Sauergrauech

Herkunft: Schweiz, um 1830
Fruchtfleisch: grünlichweiß, saftig, knackig, feinzellig
Geschmack: säuerlich, sortentypisches Aroma
Pflückreife: September
Genussreife: September bis Oktober
Verwendung: Tafel-, Mostapfel
Widerstandsfähigkeit: auch für Höhenlagen geeignet

Schmidberger Renette

Herkunft: Österreich, um 1700
Fruchtfleisch: grünlichweiß, saftig, mittelhart
Geschmack: säuerlich-süß, ohne Würze
Pflückreife: Mitte bis Ende Oktober
Genussreife: November bis März
Verwendung: Tafel-, Haushaltsapfel
Widerstandsfähigkeit: frosthart, gering schorfanfällig

Schöner von Boskoop

Herkunft: Holland, 1856
Fruchtfleisch: gelblich, saftig, grobzellig, mittelhart
Geschmack: vorwiegend säuerlich, stärk würzig
Pflückreife: Mitte Oktober
Genussreife: November bis März
Verwendung: Tafel- und Haushaltsapfel
Widerstandsfähigkeit: Ertrag setzt spät ein

Schwarzer Kohlapfel

Herkunft: unbekannt
Fruchtfleisch: weißlich, Schalennähe rot, mittelfeinzellig
Geschmack: vorwiegend säuerlich, bitter
Pflückreife: Oktober
Genussreife: bis März
Verwendung: Mostapfel
Widerstandsfähigkeit: gering krankheitsanfällig

Signe Tillisch

Herkunft: Dänemark, 1866
Fruchtfleisch: cremegelb, saftig, mittelfeinzellig, weich
Geschmack: süß, weinig, schwach würzig
Pflückreife: Ende September
Genussreife: Oktober bis November
Verwendung: Tafel- und Haushaltsapfel
Widerstandsfähigkeit: mehltau-, schorfanfällig

Steirische Schafnase

Herkunft: Steiermark, um 1800
Fruchtfleisch: gelblichweiß, sehr saftig, mittelfeinzellig
Geschmack: säuerlich-süß, mittelstark würzig
Pflückreife: Ende September
Genussreife: Oktober bis Februar
Verwendung: Tafel- und Haushaltsapfel
Widerstandsfähigkeit: krebsanfällig

Steirischer Maschanzker

Herkunft: Österreich, um 1800
Fruchtfleisch: gelblichweiß, saftig, feinzellig, hart
Geschmack: süßlich, weinig, schwach würzig
Pflückreife: Ende Oktober
Genussreife: Dezember bis März
Verwendung: Tafel- und Wirtschaftsapfel
Widerstandsfähigkeit: schorfanfällig

Steirischer Passamaner

Herkunft: unbekannt
Fruchtfleisch: grünlichweiß, saftig, fest, später mürbe
Geschmack: süß-säuerlich, ohne Würze
Pflückreife: Mitte Oktober
Genussreife: Dezember bis April
Verwendung: Tafel-, Haushaltsapfel
Widerstandsfähigkeit: in Beckenlagen schorfanfällig

Sternapi

Herkunft: unbekannt
Fruchtfleisch: gelblichweiß, wenig saftig, fest
Geschmack: vorwiegend säuerlich, mäßig süß, bitter
Pflückreife: Oktober
Genussreife: bis Juni
Verwendung: Zierapfel, seltener Saftapfel
Widerstandsfähigkeit: meist hohe Erträge

Wachsapfel

Herkunft: Österreich oder Deutschland, 18 Jhd.
Fruchtfleisch: weiß, sehr saftig, mittelfeinzellig
Geschmack: schwach säuerlich
Pflückreife: Oktober
Genussreife: bis Februar
Verwendung: Tafel- und Haushaltsapfel
Widerstandsfähigkeit: frosthart

Wagener Apfel

Herkunft: USA, 1791
Fruchtfleisch: weiß, saftig, knackig, später mürbe
Geschmack: säuerlich, mittelstark würzig
Pflückreife: Oktober
Genussreife: Dezember bis April
Verwendung: Tafelapfel
Widerstandsfähigkeit: wenig krankheitsanfällig

Weißer Klarapfel

Herkunft: Lettland, um 1850
Fruchtfleisch: grünlichweiß, saftig, locker, bald mürbe
Geschmack: süßlich, wenig Würze, typischer Geruch
Pflückreife: Mitte Juli bis Anfang August
Genussreife: nur kurze Zeit haltbar
Verwendung: Tafel-, Haushaltsapfel
Widerstandsfähigkeit: mehltau-, blattlausanfällig

Weißer Winterkalvill

Herkunft: vermutlich Frankreich, um 1600
Fruchtfleisch: gelblichweiß, sehr saftig, locker, mürbe
Geschmack: süß-säuerlich, erdbeerartige Würze
Pflückreife: Mitte bis Ende Oktober
Genussreife: Dezember bis März
Verwendung: Tafelapfel
Widerstandsfähigkeit: krankheitsanfällig

Weißer Wintertaffet

Herkunft: unbekannt, sehr alt
Fruchtfleisch: weiß, saftig, feinzellig, mittelhart
Geschmack: mildsäuerlich, sortentypische Würze
Pflückreife: Mitte Oktober
Genussreife: Dezember bis März
Verwendung: Tafelapfel
Widerstandsfähigkeit: schorfanfällig

Weißpriacher

Herkunft: unbekannt
Fruchtfleisch: cremig, mäßig saftig, mittelfeinzellig, fest
Geschmack: süß-säuerlich, ohne Aroma
Pflückreife: Ende August
Genussreife: bis September
Verwendung: Tafelapfel
Widerstandsfähigkeit: gering krankheitsanfällig

Wintergoldparmäne

Herkunft: vermutlich Frankreich, vor 1700
Fruchtfleisch: gelborange, saftig, feinzellig, hart
Geschmack: süß-säuerlich, nussartige Würze
Pflückreife: Mitte bis Ende September
Genussreife: Oktober bis Jänner
Verwendung: Tafelapfel
Widerstandsfähigkeit: verlangt nährstoffreiche Böden

Winterquittenapfel

Herkunft: Frankreich, 1670
Fruchtfleisch: weiß, ausreichend saftig, feinzellig
Geschmack: süß, etwas weinig, sortentypische Würze
Pflückreife: Oktober
Genussreife: November bis April
Verwendung: Wirtschaftsapfel
Widerstandsfähigkeit: gering krankheitsanfällig

Zuccalmaglios Renette

Herkunft: Deutschland, 1878
Fruchtfleisch: weißgelb, saftig, feinzellig, mittelhart
Geschmack: säuerlich-süß, mittelstark würzig
Pflückreife: Ende Oktober
Genussreife: November bis März
Verwendung: Tafelapfel
Widerstandsfähigkeit: wenig krankheitsanfällig

Abate Fétel

Herkunft: Frankreich, 1869
Fruchtfleisch: weiß, saftig, schmelzend, grob, fest
Geschmack: süßlich, würzig
Pflückreife: Ende September bis Anfang Oktober
Genussreife: November bis Mitte Jänner
Verwendung: Tafelbirne
Widerstandsfähigkeit: gering schorfanfällig

Bosc's Flaschenbirne

Herkunft: unsicher, vermutlich Belgien 1807
Fruchtfleisch: gelblichweiß, saftig, schmelzend
Geschmack: süß mit leichter Säure, fein würzig
Pflückreife: Mitte September bis Anfang Oktober
Genussreife: 3 bis 4 Wochen haltbar
Verwendung: Tafel- und Haushaltsbirne
Widerstandsfähigkeit: schorfresistent

Bunte Julibirne

Herkunft: Frankreich, etwa 1850
Fruchtfleisch: grünlichweiß, sehr saftig, schmelzend
Geschmack: schwach säuerlich-süß, schwach würzig
Pflückreife: Ende Juli bis Anfang August
Genussreife: nur kurz haltbar
Verwendung: Tafelbirne
Widerstandsfähigkeit: kaum schorfanfällig

Clapps Liebling

Herkunft: USA, vor 1860
Fruchtfleisch: gelblichweiß, saftig, halbschmelzend
Geschmack: süß-säuerlich, schwach würzig
Pflückreife: Mitte bis Ende August
Genussreife: 8 Tage nach Pflückreife
Verwendung: Tafelbirne
Widerstandsfähigkeit: wenig anfällig

Conférence

Herkunft: England, 1894
Fruchtfleisch: gelblichweiß, saftig, schmelzend, weich
Geschmack: süß mit leichter Säure
Pflückreife: Mitte bis Ende September
Genussreife: Ende September bis Anfang Oktober
Verwendung: Tafel- und Haushaltsbirne
Widerstandsfähigkeit: gering schorfanfällig

Dr. Jules Guyot

Herkunft: Frankreich, um 1875
Fruchtfleisch: gelblichweiß, saftig, halbschmelzend
Geschmack: süßlich, angenehm säuerlich, würzig
Pflückreife: Mitte August bis Anfang September
Genussreife: 2 Wochen haltbar
Verwendung: Tafelbirne
Widerstandsfähigkeit: gering schorfanfällig

Frühe aus Trévoux

Herkunft: Frankreich, um 1862
Fruchtfleisch: weiß, sehr saftig, halbschmelzend
Geschmack: schwach säuerlich und würzig
Pflückreife: Anfang bis Mitte August
Genussreife: Ende August bis Mitte September
Verwendung: Tafelbirne
Widerstandsfähigkeit: gering schorfanfällig

Gellerts Butterbirne

Herkunft: Frankreich, um 1820
Fruchtfleisch: gelblichweiß, sehr saftig, schmelzend
Geschmack: süß-säuerlich, mittelstark würzig
Pflückreife: Mitte September
Genussreife: Ende September bis Ende Oktober
Verwendung: Tafel- und Haushaltsbirne
Widerstandsfähigkeit: wenig schorfanfällig

Grüne Sommermagdalene

Herkunft: Frankreich, 1675
Fruchtfleisch: grünlichweiß, sehr saftig, schmelzend
Geschmack: schwach säuerlich-süß, wenig Aroma
Pflückreife: Mitte bis Ende Juli
Genussreife: nur kurz haltbar
Verwendung: Tafelbirne
Widerstandsfähigkeit: gedeiht gut in mildem Klima

Gute Graue

Herkunft: vermutlich Frankreich, um 1700
Fruchtfleisch: gelblichweiß, saftig, schmelzend, teigig
Geschmack: säuerlich-süß, mittelstark würzig
Pflückreife: Ende August bis Anfang September
Genussreife: eine Woche haltbar
Verwendung: Tafel-, Dörrbirne
Widerstandsfähigkeit: frosthart

Gute Luise von Avranches

Herkunft: Frankreich, 1778
Fruchtfleisch: gelblichweiß, saftig, schmelzend
Geschmack: süß mit feiner würzigen Säure
Pflückreife: Mitte September
Genussreife: bis Ende Oktober
Verwendung: Tafel-, Haushaltsbirne
Widerstandsfähigkeit: schorfanfällig

Herzogin Elsa

Herkunft: Deutschland, 1879
Fruchtfleisch: gelblichweiß-weiß, saftig, halbschmelzend
Geschmack: süß, stark sortentypisch würzig
Pflückreife: Mitte September
Genussreife: bis Oktober
Verwendung: Tafel- und Haushaltsbirne
Widerstandsfähigkeit: wenig witterungsempfindlich

Hirschbirne

Herkunft: Steiermark
Fruchtfleisch: gelbweiß, sehr saftreich
Geschmack: süß-säuerlich, wenig herb
Pflückreife: Ende September
Genussreife: bis Oktober
Verwendung: Most-, Dörrbirne
Widerstandsfähigkeit: frostunempfindlich

Jeanne d' Arc

Herkunft: Frankreich, 1885
Fruchtfleisch: gelblichweiß, sehr saftig, schmelzend
Geschmack: mild säuerlich, mittelstark würzig
Pflückreife: Ende Oktober bis Anfang November
Genussreife: Ende November bis Jänner
Verwendung: Tafelbirne
Widerstandsfähigkeit: mäßig schorfempfindlich

Kleine Landlbirne

Herkunft: Österreich, 1720
Fruchtfleisch: gelblichweiß, saftig, mittelfeinzellig
Geschmack: säuerlich-süß, mittelstark würzig
Pflückreife: Mitte bis Ende Oktober
Haltbarkeit: lang haltbar
Verwendung: Mostbirne
Widerstandsfähigkeit: robuste Bäume

Kongressbirne

Herkunft: Frankreich, 1852
Fruchtfleisch: gelblichweiß, sehr saftig, schmelzend
Geschmack: süß, wenig Säure, ohne Würze
Pflückreife: Anfang bis Mitte September
Genussreife: Mitte September bis Anfang Oktober
Verwendung: Tafel-, Haushaltsbirne
Widerstandsfähigkeit: mäßig schorfanfällig

Köstliche aus Charneau

Herkunft: Belgien, um 1800
Fruchtfleisch: gelblichweiß, sehr saftig, schmelzend
Geschmack: süß, mit schwacher Säure, feinwürzig
Pflückreife: Ende September bis Mitte Oktober
Genussreife: bis November
Verwendung: Tafel-, Haushaltsbirne
Widerstandsfähigkeit: recht widerstandsfähig

Luxemburger Mostbirne

Herkunft: Luxemburg, um 1900
Fruchtfleisch: mattweiß, saftig, grobkörnig, fest
Geschmack: säuerlich-süß, stark adstringierend
Pflückreife: Mitte bis Ende Oktober
Haltbarkeit: einige Wochen
Verwendung: Most-, Dörrbirne
Widerstandsfähigkeit: sehr widerstandsfähig

Nagowitzer

Herkunft: vermutlich Österreich, vor 1700
Fruchtfleisch: grünlichweiß, saftig, schmelzend, teigig
Geschmack: süß, mittelstark würzig
Pflückreife: Ende Juli bis Anfang August
Genussreife: zwei Wochen haltbar
Verwendung: Tafelbirne
Widerstandsfähigkeit: sehr widerstandsfähig

Olivier de Serres

Herkunft: Frankreich, 1847
Fruchtfleisch: gelblichweiß, saftig, schmelzend, grießig
Geschmack: süß, weinsäuerlich, würzig
Pflückreife: Ende Oktober bis Anfang November
Genussreife: Jänner bis März
Verwendung: Tafelbirne
Widerstandsfähigkeit: hohe Standortsansprüche

Pastorenbirne

Herkunft: Frankreich, 1760
Fruchtfleisch: gelblichweiß, saftig, halbschmelzend
Geschmack: süß-säuerlich, nicht bis schwach würzig
Pflückreife: Anfang bis Mitte Oktober
Genussreife: November bis Jänner
Verwendung: Tafel- und Haushaltsbirne
Widerstandsfähigkeit: schorfanfällig

Präsident Drouard

Herkunft: Frankreich, 1870
Fruchtfleisch: gelblichweiß, saftig, schmelzend
Geschmack: süß, schwach säuerlich, gering würzig
Pflückreife: Ende September bis Mitte Oktober
Genussreife: November bis Jänner
Verwendung: Tafel- und Haushaltsbirne
Widerstandsfähigkeit: mäßig schorfanfällig

Rote Pichlbirne

Herkunft: vermutlich Österreich
Fruchtfleisch: gelblich, sehr saftig, grobkörnig
Geschmack: süßherb
Pflückreife: September bis Oktober
Haltbarkeit: nur kurz haltbar
Verwendung: Most-, Dörrbirne
Widerstandsfähigkeit: anspruchslose Sorte

Salzburger Birne

Herkunft: Österreich, vor 1700
Fruchtfleisch: gelblichweiß, saftig, schmelzend, teigig
Geschmack: säuerlich-süß, mittelstark würzig
Pflückreife: Mitte August bis Anfang September
Haltbarkeit: August bis September
Verwendung: Tafelbirne
Widerstandsfähigkeit: frostresistent

Schweizer Wasserbirne

Herkunft: Schweiz, 1823
Fruchtfleisch: gelblichweiß, sehr saftig, grobzellig
Geschmack: süßherb bis wässrig
Pflückreife: Anfang bis Mitte Oktober
Haltbarkeit: 4 bis 6 Wochen
Verwendung: Most-, Dörrbirne
Widerstandsfähigkeit: anspruchslose Sorte

Speckbirne

Herkunft: Kärnten, 1888
Fruchtfleisch: gelblichweiß, saftig, grobzellig, fest
Geschmack: säuerlich-süß, adstringierend
Pflückreife: Mitte bis Ende Oktober
Haltbarkeit: lang
Verwendung: Mostbirne
Widerstandsfähigkeit: hohe Ansprüche an den Boden

Stuttgarter Gaishirtle

Herkunft: Deutschland, 1779
Fruchtfleisch: grünlichweiß, körnig, schmelzend, saftig
Geschmack: gering säuerlich, zimtartiges Aroma
Pflückreife: Mitte August bis Anfang September
Haltbarkeit: kurze Lagerfähigkeit
Verwendung: Tafel-, Einkoch-, Dörrbirne
Widerstandsfähigkeit: Ertrag setzt früh ein

Ungerbirne

Herkunft: unbekannt
Fruchtfleisch: gelblichweiß, mittelfeinzellig, weich
Geschmack: süß, wenig Säure, etwas bitter
Pflückreife: Mitte September
Genussreife: bis Oktober
Verwendung: Mostbirne
Widerstandsfähigkeit: gering krankheitsanfällig

Vereinsdechantsbirne

Herkunft: Frankreich, um 1840
Fruchtfleisch: gelblichweiß, saftig, schmelzend, fein
Geschmack: sehr süß, stark würzig
Pflückreife: Mitte Oktober bis Anfang November
Genussreife: November bis Dezember
Verwendung: Tafelbirne
Widerstandsfähigkeit: gering schorfanfällig

Williams Christbirne

Herkunft: England, um 1770
Fruchtfleisch: weiß, saftig, zart, schmelzend
Geschmack: angenehm säuerlich-süß, würzig
Pflückreife: August bis Anfang September
Genussreife: September
Verwendung: Tafel-, Haushaltsbirne
Widerstandsfähigkeit: schwach schorfanfällig

Winterdechantsbirne

Herkunft: Belgien, 1825
Fruchtfleisch: gelblichweiß, saftig, schmelzend, körnig
Geschmack: süß, muskatartige Würze
Pflückreife: Ende Oktober bis Anfang November
Genussreife: Dezember bis März
Verwendung: Tafelbirne
Widerstandsfähigkeit: schorfanfällig

Winterforellenbirne

Herkunft: unbestimmt
Fruchtfleisch: weiß-grünlichweiß, saftig, schmelzend, fest
Geschmack: süß, gering säuerlich, muskatartige Würze
Pflückreife: Ende Oktober
Genussreife: bis Jänner
Verwendung: Tafelbirne
Widerstandsfähigkeit: mäßig schorfanfällig

SYNONYME

Legende
Fett: Handelsübliche Bezeichnung; Standard: Verbreitete Synonyme; Kursiv: Lokale Sortenbezeichnung; In Klammer: Slowenischer Name.

ÄPFEL

Adersleber Kalvill: (Aderslebenski kalvil)
Ananasrenette: Ananas, (Ananasova reneta)
Baumanns Renette: Baumanns Rote Winterrenette, (Baumanova reneta)
Berner Rosenapfel: Berner Rosen, Neuer Berner Rosenapfel, (Bernski roznik)
Boikenapfel: Boiken, Echter Boiken, *Balkenapfel*, (Bojkova jabolko)
Brünnerling-Gruppe: Welschbrunner, Brunner (Laška trdika)
Champagner Renette: Glasapfel, Herrenapfel, Kapuziner, Käsapfel, Loskrieger, Zwiebelapfel, Zweijährling, Drei Jahre dauernder Mutterapfel, (Šampanjska reneta)
Charlamowsky: Borowizky, Herzogin aus Oldenburg, Augustapfel, Ernteapfel, Charlamoff, (Šarlamovski)
Coulons Renette: (Kulonova reneta)
Cox Orange: Cox Orangenrenette, Cox's Orange Pippin, Russet Pippin, Verbesserte Muskatrenette, (Koksova oranžna reneta)
Damasonrenette: Renette de Mascon, Carpentin
Danziger Kantapfel: Danziger Kant, Schwäbischer Rosenapfel, Liebesapfel, Himbeerapfel, Erdbeerapfel, Kalvillartiger Winterrosenapfel, Paradiesapfel, Taffetapfel, (Gdanski robač)
Elise Rathke: Rathke
Geflammter Kardinal: Geflammter Weißer Kardinal, Bischofsmütze, Rasselapfel, Tortenapfel, Pleissner Rhambour, Gestreifter Pfundapfel, *Strudelapfel*, (Pisani kardinal)
Geheimrat Dr. Oldenburg: Oldenburg, (Oldenburg)
Gelber Bellefleur: Metzgers Kalvill, Metzger's Apfel, Blumenkalvill, Bellflower, (Lepocvetka)
Glockenapfel: Weißer Winterglockenapfel, Schweizer Glockenapfel, Altländer Glockenapfel, Echter Glocken, (Zvončasto jabolko)
Gloria Mundi: Hausmütterchen, Josephinenapfel, Stiefmütterchen, Ruhm der Welt, (Slava bogu)
Goldrenette von Blenheim: Blenheim Orange, Blenheim, Woodstock Pippin, Prince of Wales, (Blenhajmska reneta)
Grahams Jubiläumsapfel: Graham's Royal Jubilee, Grahams
Graue Herbstrenette: Graue Renette, Große Renette, Gelbe Renette, Lederapfelrenette, Lederrenette, Sommer-Rabau, Herbst-Rabau, (Jesenska reneta)

Gravensteiner: Blumenkalvill, Ernteapfel, Sommerkalvill, Gräfensteiner, (Grafenštajnerca)

Großer Rheinischer Bohnapfel: Bohnapfel, Weißer Bohnapfel, (Bobovec)

Grüner Stettiner: Grüner Winterstettiner, (Zeleni štetinec)

Hagedorn: Apfel von Hawthorden, Weißer Hawthorden, Lord Kingston

Harberts Renette: Immapfel, Königsapfel, Harberts Rambourrenette, Harberts Renettenartiger Rambour

Haslinger: Steirischer Pogatschenapfel, Roter Pogatschenapfel, Haselapfel, *Breitschädel*, (Pogačarica)

Hausmütterchen: Menagère, Pfundapfel, Großer Rhambour

Ilzer Rosenapfel: Ilzer Weinapfel, Ilzer Weinler, (Ilcerjev rožnik)

Ingrid Marie: Ingrid Maries Aeble, Hoed Orange

Jakob Lebel: Jaques Lebel, Eisenbahner, Gelber Mecklenburger, (Jakob lebel)

Jonathan: King Philipp, Ulster Seedling, (Jonatan)

Kaiser Alexander: Albertin, Aporta Naliria, Korallenapfel, Allerweltapfel, (Car aleksander)

Kaiser Wilhelm: Wilhelmapfel, (Car viljem)

Kalterer Böhmer: Mantuaner, Kalterer, Rosa di Caldaro, Apfel aus Mantua

Kanada Renette: Pariser Rambour, Weiberrenette, Große Englische Renette, Sternrenette, Kaiserrenette, (Kanadka)

Kantil Sinap: Russischer Taubenapfel, Candil Sinap

Kardinal Graf Galen

Karmeliter Renette: Lange Rotgestreifte Renette, Grüne Renette, Forellenrenette, Getüpfelte Renette

Klöcher Maschanzker: (Mošancelj)

Kronprinz Rudolf: (Carjevič)

Landsberger Renette: (Landsberska reneta)

Lavanttaler Bananenapfel: Mother, Mutterapfel, (Labudski bananovec)

London Pepping: Grüner Kalvill, Deutscher Kalvill, Englischer Kalvill, Bastardkalvill, London Pippin, (Londonski peping)

Moringer Rosenapfel

Odenwälder: Schwarzwälder Renette

Ontario: Ontarioapfel, (Ontario)

Parkers Pepping: Parker's Pippin, Graue Renette, Lederapfel, Lederer, Rabau, Pelzapfel

Purpurroter Cousinot: Badener Reinette, Blutapfel, Christkindlesapfel, Jagdapfel, Roter Taffetapfel, Eisenapfel

Quittenmaschanzker

Rheinischer Krummstiel: Gestreifter Römer, Krummstiel, Krummstingel, (Krivopecelj)

Rote Schafnase: (Rdeči ovčji nos)

Roter Astrachan: Erdbeerapfel, Himbeerapfel, Roter Jakobiapfel, Roter Kornapfel, Ernteapfel, Roter Augustapfel, Beauty of Wales, (Rdeči astrahan)

Roter Boskoop: Schmitz Hübsch, ((Rdeči boskop)

Roter Gravensteiner: Blutroter Gravensteiner, Dunkelroter Gravensteiner, Gravensteiner Rouge, (Rdeča Grafenštajnerca)
Roter Herbstkalvill: Himbeerapfel, Erdbeerapfel, Roter Paradiesapfel, Jungfernapfel, *Herzapfel*, *Klingler*, *Tschepperer*, *Klachlapfel*, (Rdeči jesenski kalvil)
Roter Jungfernapfel: Roter böhmischer Jungfernapfel, Rotes Hähnchen, Chrysofsker Pannensky, (Rdeči devičnik)
Roter Stettiner: Roter Winterstettiner, Rosenapfel, Malerapfel, Mahler, Maloner, Krautapfel, Zigeunerapfel, Zwiebelapfel, *Zwiefler*, (Rdeči štetinec)
Roter Trierer Weinapfel: Roter Trierer, Roter Trierer Holz- bzw. Mostapfel, Trankapfel, (Tijerski moštnik)
Sauergrauech: Graeuch, Raisin, Rosenapfel
Schmidberger Renette: Schmiedbergers Rote Renette, Rote Renette, Plankenapfel, (Smidbergerjeva reneta)
Schöner von Boskoop: Graue Winterrenette, Renette de Montfort, Renette Bella de Boskoop, (Boskopski kosmač)
Schwarzer Kohlapfel
Signe Tillisch: Tillisch, (Signe Tillis)
Steirische Schafnase: (Štajerski ovčji nos)
Steirischer Maschanzker: Steirischer Wintermaschanzker, Steirischer Winterborsdorfer, Grazer Maschanzker, Eisapfel, (Štajerski mošancelj)
Steirischer Passamaner: Breittaschel
Sternapi: Sternapfel, Pfaffenkäpple, Gelber Sternförmiger Api
Wachsapfel: (Voščenka)
Wagener Apfel: Wageners Preisapfel, Gassers Rosenapfel, (Wagener)
Weißer Klarapfel: Durchsichtiger Sommerapfel, Weißer Transparentapfel, *Butterapfel*, (Beličnik)
Weißer Winterkalvill: Quittenapfel, Paradiesapfel, Sternapfel, Eckapfel, Weißer Kardinal, (Beli zimski kalvil)
Weißer Wintertaffet: Taffetas, Taffetiner, Weidling, Winter Taffeter, Weißer Wachsapfel, Spiegelapfel, Weißapfel, (Zimski tafeljcek)
Weißpriacher
Wintergoldparmäne: Goldparmäne, Englische Wintergoldparmäne, Goldrenette, Goldreineder, (Zlata parmena)
Winterquittenapfel: Englischer Winterquittenapfel
Zuccalmaglios Renette: Von Zuccalmaglio Renette

BIRNEN

Abate Fétel: Abbé Fétel, (Fetelova)
Boscs Flaschenbirne: Kaiserkrone, Alexanderbirne, Calebasse Bosc', Calebasse, Kaiser Alexander, Humboldtsbirne, Beurré d'Apromont, (Boskova steklenka)
Bunte Julibirne: Colorée de Juillet, Julischönheit, Gefärbte Julibirne, Schönste Julibirne, *Kaiserbirne*, (Pisana julijska)

Clapps Liebling: Clapp's Favourite, Clapps Liebingsbirne, (Klapova)
Conférence: Konferenzbirne, Konferenz, (Konferans)
Dr. Jules Guyot: Jules Guyot, (Gijo)
Frühe aus Trévoux: Précoce de Trévoux, (Trevuška)
Gellerts Butterbirne: Beurré Hardy, Hardys Butterbirne, Hardy, Poire Hardy, Schäferbirne, (Gelertova)
Grüne Sommermagdalene: Citron des Charmes, Glasbirne, Heubirne, Erntebirne, Grüne Jakobsbirne, Grüne Margaretenbirne, Keizerin, Sommer-Ambrette, Poire Madeleine, *Hoandlbirne*
Gute Graue: Graue Sommerbutterbirne, Graubirne, Grisbirne, Schöne Gabriele, Judenbirne, Jutjesbirne, Pickelbirne, Weinbirne, Sommer-Ambrette, *Lederbirne, Honigbirne*
Gute Luise von Avranches: Gute Luise, Prinz von Württemberg, Französische Rousselet, Bergamotte d'Avranches, William IV, Prince Germain, (Avranška)
Herzogin Elsa: Duchesse Elsa
Hirschbirne: *Herbstbirne*, *Hiarbschtbirne*
Jeanne d'Arc: Jungfrau von Orleans, Johanna von Arc
Kleine Landlbirne: Landlbirne, Weinbirne, Grüne Landlbirne
Kongressbirne: Andenken an den Kongress, Souvenir du Congrés, Congress-Birne, *Winterbirne*, (Društvenka)
Köstliche aus Charneau: Köstliche aus Charnaux, Bürgermeisterbirne, Légipont, Grashoffs Leckerbissen, Fondante de Charneu
Luxemburger Mostbirne: Mostbirne von Angers, Betzelsbirne, Speckbirne, Große Rummelterbirne, (Luksemburška)
Nagowitzer
Olivier de Serres: Olivier von Serres
Pastorenbirne: Poire de Curé, Flaschenbirne, Caßlerbirne, Glockenbirne, Frauenschenkel, Zapfenbirne, Große Verlängerte Birne, (Pastorjevka)
Präsident Drouard
Rote Pichlbirne: Rote Pöllerbirne, Kletzenbirne, Rote Püllerbirne, Bullingbirne, Frauenbirne, Landlmostbirne, Laderbirne, Pichl-Brotbirne, Rotbirne, Rotlederbirne, Rotwörlasbirne, Rotbaßl
Salzburger Birne: Kleine Salzburger, Braunrote Sommerrousselet, (Slzburška)
Schweizer Wasserbirne: Kugelbirne, Glockenbirne, Thurgauerbirne, Weingifterin, Marzenbratbirne, Kotzbirne, Schweizerbirne
Speckbirne: Steirische Weinmostbirne, Lavanttaler Mostbirne, *Weinmostbirne*
Stuttgarter Gaishirtle: Stuttgarter Russelet, Honigbirne, Zuckerbirne, Stuttgarter Geißhirtle
Ungerbirne
Vereinsdechantsbirne: Doyenné du Comice d'Angers, (Dekanka)
Williams Christbirne: Bon Chrétien Williams, Bartlett, Williamsbirne, (Viljamovka)
Winterdechantsbirne: Pastorale, Frühlingsbutterbirne, Pfingstbergamotte, Winter-Herrenbirne, Hildesheimer Winterbutterbirne, Beurré Easter, Doyenné d'Hiver, (Zimska dekanka)

Winterforellenbirne: Nordhäuser Forellenbirne

Autor: K. HERBINGER

Weiterführende Literatur

BERNKOPF S., KEPPEL H. & NOVAK R. 1996. Neue Alte Obstsorten: Äpfel, Birnen und Steinobst., 3. Auflage. – Österreichischer Agrarverlag, Wien.

HARTMANN W. 2003. Farbatlas: Alte Obstsorten, 2. stark überarbeitete Aufl. – Ulmer Verlag, Stuttgart.

ROLFF J.-H. 2001. Der Apfel, Sortennamen und Synonyme, Band 1. – Selbstverlag Johann-Heinrich-Rolff, Kiefersfelden.

ROLFF J.-H. 2002. Obstarten, Sortennamen und Synonyme, Band 2: Die Birne. – Selbstverlag Johann-Heinrich-Rolff, Kiefersfelden.

SILBEREISEN R., GÖTZ G. & HARTMANN W. 1996. Obstsorten-Atlas. 2. Auflage – Ulmer Verlag, Stuttgart.

SORTENMAPPE 2000. Verfügbare Obstsorten aus Niederösterreich. 6. Lieferung 11/2000. – Niederösterreichische Landesregierung & Arche Noah, Schiltern.

LITERATURVERZEICHNIS

1 – Systematik

BERNKOPF S. 1982. Abstammung der oberösterreichischen Obstgehölze am Beispiel von Apfel, Birne und Pflaume. – Aktuelle Probleme der Landw. Forschung, Linz.

BERTSCH K. & BERTSCH F. 1947. Geschichte unserer Kulturpflanzen. – Wiss. Verlags. GesmbH, Stuttgart.

FISCHER M. 2003. Die Sorte als Innovationsfaktor. – Gesellschaft für Pflanzenzüchtung, Heft 5, Dresden-Pillnitz.

HOFMANN E. 1924. Pflanzenreste der Mondsee-Pfahlbauten. – Sitzungsberichte der Akad. der Wissenschaften, Bd. 133.

KNÖRZER K.-H. 1977. Pflanzliche Großreste des bandkeramischen Siedlungsplatzes. – In: Der bandkeramische Siedlungsplatz Langenweiler 9. – Rheinland-Verlag, Bonn.

KUTZELNIGG H. 1995. „Unterfamilie Maloideae“. – In: HEGI G., Illustrierte Flora von Mitteleuropa, Bd. IV/2B. – Verlag Blackwell, Berlin, Wien.

LANGENFELD W. 1971. Die Evolution der Gattung *Malus*, Mill. – Wiss. Z. Univ. Rostock, Bd. 20.

RUBTSOV G.A. 1944. Geographical distribution of the genus *Pyrus* and trends and factors in its evolution. – Amer. Naturalist Bd.78.

SCHIEMANN E. 1932. Entstehung der Kulturpflanzen. – Handbuch der Vererbungswissenschaften, Bd. III.

SCHWEINSGRUBER F.H. 1979. Wildäpfel und prähistorische Äpfel. – Archaeo-Physika 8.

SILBEREISEN R., GÖTZ G. & HARTMANN W. 1996. Obstsorten Atlas, 2. überarbeitete und erw. Auflage. – Eugen Ulmer Verlag.

SIMMONDS N.W. 1976. Evolution of Crop Plants. – Verlag Longman Scientific & Technical Harlow.

TERPO A. 1960. Magyarorszag Vadkörtei (Pyri Hungariae). – Annales Acad. Horti et Vitic. Tom. 6, Budapest.

VAVILOV N.I. 1930. Wildprogenitors of the fruit trees of Turkestan and the Caucasus and the problem of origin of fruit trees. – Rep. Proc. IX, Internat. Hort. Congr. London.

VAVILOV N.I. 1949/50. The origin, variation, immunity and breeding of cultivated plants. – Chronica botanica 13.

WERNECK H.L. 1949. Ur- und frühgeschichtliche Kultur- und Nutzpflanzen in den Ostalpen und am Rande des Böhmerwaldes. – Schriftenreihe der O.Ö. Landesbaudirektion, Wels.

WERNECK H.L. 1962. Die Stammformen der bodenständigen Mostbirnen in Oberösterreich, Niederösterreich und Steiermark. – Naturkundl. Jb. der Stadt Linz, Linz.

2 – Kulturgeschichte

BERNKOPF S. 1991. Heimische Obstsorten. – Vielfalt in Gefahr. – ÖKO-L 13/3 Naturkundliche Station, Linz.

BERTSCH K. 1947. Geschichte unserer Kulturpflanzen. – Wissenschaftl. Verlagsgesellschaft.

COLUMELLA L.J.M. 1981 – 1983. De re rustica, liber quintus et duodecim. – W. Richter u. R Heine, Artemisverlag, München.

FÜLLEMANN V., FÜLLEMANN M. & BÄNNINGER A. 1997. Faites vos pommes. Eine Art Kulturgeschichte des Apfels. – Verlag Benteli, Bern.

HOHBERG W.H. 1682. Georgica curiosa oder adeliges Land- und Feldleben. – Verlag Endters, Nürnberg.

JANSON H.F. 1996. Pomona´s harvest. – Timber Press Inc.

MACROBIUS A.T. 1852. Saturnalia. – Ludwig von Jan, Verlag G. Bass, Quedlinburg, Band 3.

MAGERSTEDT A.F. 1861. Die Obstzucht der Römer. – Verlag F.A. Eupel, Sondershausen.

MARTINI S. 1988. Geschichte der Pomologie in Europa. – Eigenverlag, Bern.

PLINIUS SECUNDUS der Ältere C. 1981. Naturalis historiae, Libri XII, XIV, XV, XVII, XXII. – Artemisverlag.

REINHARDT L. 1911. Kulturgeschichte der Nutzpflanzen. – Verlag Reinhardt, München, Band IV/1.

VARRO M.T. 1959. Rerum rusticarum de agricultura., Liber I/59. – The Latin library, www.thelatinlibrary.com/varro/rr1.html.

WALKER W. 1845. Die Obstlehre der Griechen und Römer. – Verlag C. Mäcken, Reutlingen.

WERNECK H.L. 1949. Ur- und frühgeschichtliche Kultur- und Nutzpflanzen in den Ostalpen und am Rande des Böhmerwaldes. – OÖ Landesverlag, Wels.

3 – Regionale Geschichte

Steiermark

ANONYM. Das Obstland Steiermark erwartet Sie. Folder. – Herausgeber: Obstland Steiermark, Verband der Steirischen Erwerbsobstbauern, Graz 2003.

ANONYM. Beschreibung der Obstsorten in der Central-Obstbaumschule am ständischen Musterhofe zu Grätz. – Herausgegeben von der k.k.Landwirtschaftsgesellschaft in Steiermark, Grätz 1833 und 1844.

ATTEMS H. 1899. Österreichs Obstbau, Geschichte der österreichischen Land- und Forstwirtschaft und ihrer Industrien 1848–1898. – Commissionsverlag Moritz Perles, Wien, Band 2.

BRÜDERS O. 1912. Ernte und Versand des Kernobstes in Steiermark, 2. Auflage. – Verlag der k.k. Landw. Gesellschaft in Steiermark, Graz.

GAUGL G. 1994. Pöllauer Tal. Alte Obstsorten und Streuobstbau in Österreich. Bedeutung, Schutz und Erhaltung bedrohter Lebensräume. – Grüne Reihe des Bundesministeriums für Umwelt, Band 7.

KINDERMANN J. C. 1966. Repertorium der Steiermärkischen Geschichte, Geographie, Topographie, Statistik und Naturhistorie. – In: KATSCHNER A., Obstbau – Die Entwicklung des steirischen Obstbaus, Katalog zur Ausstellung „Der steirische Bauer", Leistung und Schicksal von der Steinzeit bis zur Gegenwart. – Veröffentlichung des Steirischen Landesarchivs, Graz, Band 4.

LÖSCHNIG J. 1946. Praktische Anleitung zum rationellen Betriebe des Obstbaues. – A. Hartlebensverlag, Wien und Leipzig.

LAUCHE W. 1904. Österreichs Obstbau auf der internationalen Obstausstellung in Düsseldorf 1904. – Herausgeben vom Obmann des österreichischen Zentralkomitees Wilhelm Lauche in Eisgrub, Verlag des Herausgebers, Brünn.

LOH J. 1927. Der Obstbau in hohen rauhen Lagen. Zeitgemäße Obstbaufragen. – Herausgegeben von der Gemeinschaft österreichischer Obstzüchter, Scholle Verlag, Wien.

STEIERMÄRKISCHER LANDESAUSSCHUSS (vermutlich STIEGLER) 1904. Landes Normal Sortiment von Äpfel und Birnen für Steiermark.

TÖDLING O. 1995. Obstland Österreich. – Austria Medienservice, Graz.

VERBAND STEIRISCHER OBSTEXPORTEURE IN GRAZ 1932. Steirische Exportäpfel, Katalog mit Verladebestimmungen (unter Mitwirkung der Kammer für Handel, Gewerbe und Industrie in Graz und der Landeskammer für Land- und Forstwirtschaft in Steiermark). – Eigenverlag, Graz.

Slowenien

ATTEMS H. 1889. Oesterreichs Obstbau, Geschichte der österreichischen Land- und Forstwirtschaft und ihrer Industrien 1848 – 1898. – Commissionverlag Moritz Perles, Wien, Band 2.

KLASINC P.P. 1994. Štajerska deželna kmetijsko-kemična preizkusna postaja Maribor, Zbornik 100 let Kmetijskega zavoda Maribor, Maribor.

SKETELJ P. 1998. Več od zlata in srebra nam sadno drevje da.... – Slovenski etnografski muzej, Ljubljana.

SMOLE J. & MAČEK J. 2004. Razvoj sadjarstva kot panoge skozi čas, Zbornik referatov. – 1. slovenskega sadjarskega kongresa z mednarodno udeležbo, Krško.

TOJNKO S., BERČIČ S. & STARE N. 2004. Travniški nasadi – kam z njimi? – Sad 1/2004, Krško.

Kärnten

ANONYM 1947. Obstzüchter Hans Zernatto – ein Achtziger. – Obst und Garten, Heft 8.

ANONYM 1899. Geschichte der österreichischen Land- und Forstwirtschaft und ihrer Industrien 1848 – 1898. – Festschrift zur Feier der am 2. Dezember 1898 erfolgten fünfzigsten Wiederkehr der Thronbesteigung Sr. Majestät des Kaisers Franz Josef I., 2.Bd, Wien.

ATTEMS H. 1883. Österreichs Obst auf der Triester Exportausstellung 1882. – Der Obstgarten.

AUER-WELSBACH H. 1991. Geschichtliche Entwicklung des extensiven und intensiven Obstbaues im Bundesland Kärnten. – Diplomarbeit an der Universität für Bodenkultur in Wien, Wien.

BRAUMÜLLER H. 1951. Das Lavanttal. – Wirtschaftsperle Kärntens, Wolfsberg.

DINKLAGE K. 1966. Geschichte der Kärntner Landwirtschaft und bäuerlichen Volkskunde, Klagenfurt.

ERKER K. 2003. Von Maria Theresia zur EU. – Verlag des Kärntner Landesarchivs, Klagenfurt.

ERTLER J. 1882. Der Obstbau in Kärnten. – Der Obstgarten.

GARTNER H. 1986. Pomonas schönster Tempel. – 100 Jahre Unterkärntner Nachrichten, Wolfsberg.

GOLZE E. & STOLLE H. 1942. Reichseinheitsvorschriften für die Sortierung von Obst und Gemüse. – Braunschweig.

HERMANN H. 1885, 1860. Handbuch der Geschichte des Herzogthumes Kärnten in Vereinigung mit den österreichischen Fürstentümern. – II. Bd., H. 2, III. Bd., H. 3, Klagenfurt.

HIRSCH V. 1882. Der Obstbau in Kärnten. – Der Obstgarten.

KELLER F.C. Monographie des Lavanttales. – Wolfsberg.

KERN-SCHLATTE A. 1993. Zur Entwicklung der Obstkultur im Lavanttal unter besonderer Berücksichtigung volkskundlicher Aspekte. – Diplomarbeit an der Karl-Franzens-Universität Graz, Graz.

KLEIN K. 1958. Der Obstbau in Kärnten. – Zeitgemäße Obstbaufragen.

KREIS J. 1979. Agrar- und sozialgeographisches Gefüge von Gemeinden mit Obstanbau in Kärnten und in der Steiermark. – Bad Coesfeld.

PASCHINGER V. 1949. Landeskunde von Kärnten und Osttirol. – Kärntner Heimatverlag, Klagenfurt.

PRIBYL 1988. Die österreichische Reichsobstausstellung in Wien. – Der praktische Ratgeber.

RUTHOFER K. 1951. Der Obstbau im Lavanttal. – Das Lavanttal – Wirtschaftsperle Kärntens. Ein Bericht über die geschichtliche und wirtschaftliche Entwicklung des Lavanttales bis zum Jahre 1951, Wolfsberg.

SEMBACH W. 1992. Mehr als 1.000 Jahre Obstbau in Kärnten. – 40 Jahre Obstbauversuchsanlage St. Andrä 1952 – 1992, Klagenfurt.

VALVASOR J.W. 1975. Vollkommene und gründliche Landbeschreibung des berühmten Erz-Herzogthums Kärnten. – Nachdruck der Ausgabe von 1688, Klagenfurt.

WAGNER J. 1847. Das Herzogthum Kärnten, geographisch-historisch dargestellt nach allen seinen Beziehungen und Merkwürdigkeiten. – Klagenfurt.

WIESENHOFER F.: Der Obstbau im Lavanttal. – Das Lavanttaler Heimatbuch.

4 – Streuobstbestände

ADLER W., OSWALD K. & FISCHER R. 1994. Exkursionsflora von Österreich. – Verlag Eugen Ulmer, Stuttgart und Wien.

ERLACHER A. 1994. Ökologie des Streuobstbaus. – In: Bundesministerium für Umwelt (Ed.), Alte Obstsorten und Streuobstbau in Österreich. Grüne Reihe des Bundesministeriums für Umwelt. – Austria Medienservice, Graz.

FUSSI B. 2003. Kartierung und pomologische Beschreibung Alte Apfel- und Birnensorten im Bezirk Murau. – Diplomarbeit Institut für Pflanzenphysiologie Karl-Franzens-Universität-Graz.

HARLFINGER O. 2002. Klimahandbuch der österreichischen Bodenschätzung, 2. Teil. – Mitt. der Österr. Bodenkundl. Ges.: 68, Wien.

HOFER M., HERBINGER K., FAULAND K., MONSCHEIN ST., KEPPEL H. & GRILL D. 2004. Verbreitung von Streuobstwiesen und regionalspezifische Apfelsortenverteilung in der Steiermark – Ergebnisse aus Erhebungsdaten in Verbindung mit dem GIS. – Mitt. Naturwiss. Ver. Steiermark (in Vorbereitung).

KELLERHALS M., GOERRE M., RUSTHOLZ P., GERSBACH K. & BOSSARD M. 1999. Obstsorten: das reiche genetische Erbe sichern. – Schweizer Zeitung für Obst- und Weinbau 23: 561–564.

KEPPEL H., FUSSI B., HOFER M. & GRILL D. 2002. Alte Kernobstsorten im Bezirk Murau. – Mitt. Naturwiss. Ver. Steiermark 132: 139–148.

KEPPEL H., HOFER M., TAUSZ M. & GRILL D. 2001. Eine Genbank für Kernobstsorten in der Steiermark und eine Analyse ihrer Apfelsorten (*Malus domestica*, Rosaceae-Maloideae). – Mitt. Naturwiss. Ver. Steiermark 131: 129–139.

SCHLACHER R. & WIRNSBERGER K. 1994. Jahr der Streuobstwiesen. – Ländliches Fortbildungsinstitut Steiermark und Naturschutzbund Steiermark, Graz, 1994.

SCHRAMAYR G. & NOWAK H. 2000. Obstgehölze in Österreich. – Umweltbundesamt GmbH, Wien .

WAKONIGG H. 1978. Witterung und Klima in der Steiermark. 1.Aufl. – Verlag für die Technische Universität, Graz.

5 – Tourismus

HEPPERLE Th. 1994. Der Mostbirnensortengarten. – Unterer Frickhof, Amt für Landwirtschaft, Überlingen.

SCHMIDTHALTER M. 2001. Die Mostbirnen – Früchte des Mostviertels. – Selbstverlag „Neue alte Obstsorten", Amstetten, Gießhübl 7.

6 – Vielfalt

ANONYM 1833. Beschreibung der Obstsorten in der Central-Obstbaumschule am ständischen Musterhofe zu Grätz. – Herausgegeben von der k.k.Landwirtschaftsgesellschaft in Steyermark, Grätz.

BURIAN K. 1994. Evolution statt Revolution. Alte Obstsorten und Streuobstbau in Österreich, Bedeutung, Schutz und Erhaltung bedrohter Lebensräume. – Grüne Reihe des Bundesministeriums für Umwelt, Band 7.

HENZE J. & HANSEN H. 1988. Lagerräume für Obst und Gemüse. – KTBL-Schrift 327. – Herausgegeben vom Kuratorium für Technik und Bauwesen in der Landwirtschaft e.V., Darmstadt.

KEPPEL H., PIEBER K., WEISS J. & HIEBLER A. 1998. Obstbau, Anbau und Verarbeitung, 2. völlig neu bearbeitete Auflage. – Leopold Stocker Verlag, Graz.

SCHIRMER H., GRÄF V. & TRIERWEILER B. 2003. Heißwasserbehandlung gegen Gloeosporium-Fruchtfäule. – Monatssschrift 12: 710–711.

SCHIRMER H. & TRIERWEILER B. 2001. Lagerung von Mirabellen unter CA-Bedingungen. – Obstbau 26 (8): 421–422.

SCHIRMER H., TRIERWEILER B., GRÄF V., HOFFMANN N.Q., TAUSCHER B. & SCHUCHMANN H.P. 2003. Heißes Wasser hält Äpfel gesund: Die Heißwasserbehandlung: eine Methode zur Reduzierung der Gloeosporium-Fruchtfäule an ökologisch produzierten Äpfeln. – Forschungsreport 1: 27–29.

SNOWDON A.L. 1995. Farbatlas der Nachernte-Schäden von Obst und Gemüse, Bd. 1. Allgemeine Grundlagen Obst. – Verlag Enke, Stuttgart.

TAUSCHER B. 2002. Qualitätserhaltung von Lebensmitteln im Verarbeitungs-, Lagerungs- und Nachernteprozess. – In: PASTORS P.M. (Hg.), Logistik – Denk- und Handwerkzeuge, Innovationen, logistische Erfolge, 273–285. – Rainer Hampp Verlag, München und Mering.

TRIERWEILER B., GRÄF V., SCHIRMER H., & TAUSCHER B. 2003. Thermo-Behandlung ökologisch produzierter Äpfel zur Verbesserung der Lagerfähigkeit. – Frischelogistik 2: 34–36.

TRIERWEILER B., SCHIRMER H. & TAUSCHER B. 2003. Auswirkungen der Warmwasserbehandlung von Äpfeln auf die Lagerfähigkeit im Kälte- und CA-Lager. – Landbauforschung Völkenrode – FAL Agricultural Research 259: 47–53.

TRIERWEILER B., SCHIRMER H. & TAUSCHER B. 2003. Hot water treatment to control Gloeosporium disease on apples during long-term storage. – Journal of Applied Botany (Angewandte Botanik) 77: 156–159.

TRIERWEILER B., BOGNAR A. & TAUSCHER B. 2003. Qualitätserhaltung von Frischgemüse und -obst bei der Lagerung im Kühlschrank. – Ernährung im Fokus 3(11): 326–329.

7 – Bestimmung und Kapitel Synonyme

ANONYM 1833. Beschreibung der Obstsorten in der Central-Obstbaumschule am ständischen Musterhofe zu Grätz, k.k. Landwirtschaftsgesellschaft in Steyermark, Grätz.

BERNKOPF H., KEPPEL H. & NOVAK R. 1996. Neue alte Obstsorten, 3. Auflage. – Club Niederösterreich, Wien.

ENGELBRECHT T. 1889. Deutschlands Apfelsorten. – Verlag F. Vieweg, Braunschweig.

FRIEDRICH G. & PETZOLD H. 1993. Obstsorten. – Neumann Verlag GmbH, Radebeul.

FUSSI B. 2003. Kartierung und Pomologische Beschreibung Alter Apfel- und Birnensorten im Bezirk Murau. – Diplomarbeit am Institut für Pflanzenphysiologie, Karl-Franzens-Universität Graz.

GIANFRANCESCHI L., SEGLIAS N., TARCHINI R., KOMJANC M. & GESSLER C. 1998. Simple sequence repeats for the genetic analysis of apple. – Theor. Appl. Genet. 96: 1069-1076.

HARTMANN W. 2003. Farbatlas alte Obstsorten, 2. Auflage. – Verlag Eugen Ulmer, Stuttgart.

JAHN F., LUCAS E. & OBERDIECK J. 1859–1875. Illustriertes Handbuch der Obstkunde. – Band 1–8; Band 1–3: Verlag Ebner und Seufert, Stuttgart; Band 4–6: Verlag Dorn, Ravensburg; Band 7–8: Eugen Ulmer, Stuttgart.

KEPPEL H., PIEBER K., WEISS H. & HIEBLER A. 1998. Obstbau, 2. Auflage. – Leopold Stocker Verlag, Graz.
KEPPEL H., PIEBER K., WEISS H. & HIEBLER A. 2005. Der Obstgarten, 2. überarbeitete Auflage. – Leopold Stocker Verlag, Graz, im Druck.
KESSLER H. 1948. Birnensorten der Schweiz. – Buchverlag Verbandsdruckerei AG, Bern.
KESSLER H. & SCHAER E. 1947. Apfelsorten der Schweiz. – Buchverlag Verbandsdruckerei AG, Bern.
LAUCHE W. 1883. Illustriertes Handbuch der Obstkunde. Ergänzungsband. – Verlag Paul Parey, Berlin.
LIEBHARD R., GIANFRANCESCHI L., KOLLER B., RYDER C. D., TARCHINI R., VAN DE WEG E. & GESSLER C. 2002. Development and characterisation of 140 new microsatellites in apple (*Malus x domestica* Borkh.). – Molecular Breeding 10: 217-241.
LÖSCHNIG J. 1946. Praktische Anleitung zum rationellen Betrieb des Obstbaues. – A. Hartlebens Verlag, Wien und Leipzig, 7. Auflage.
LÖSCHNIG J., KRONEDER A., MÜLLER H., PFEIFFER H., SCHLEICHER W., SCHMIDINGER M., LAUCHE W., HUMEK M. & GORICAN F. 1913. Die Mostbirnen. – Verlag F. Sperl, Wien.
MONSCHEIN ST., GRUBE M., HERBINGER K., HOFER M., KEPPEL H. & GRILL D. 2004. Anwendungen der Mikrosatellitenanalyse zur Untersuchung alter Apfelsorten (*Malus domestica* (Borkh.)) in der Steiermark und Teilen Sloweniens. – Mitteilungen Klosterneuburg 54: 122–128.
MÜHL F. 1999. Alte und neue Birnensorten, 2. Auflage. – Obst- und Gartenbauverlag, München.
MÜHL F. 2001. Alte und neue Apfelsorten, 4. Auflage. – Obst- und Gartenbauverlag, München.
MÜLLER J., BISSMANN O., BOENICKE W., ROSENTHAL H. & SCHINDLER O. 1905–1934. Deutschlands Obstsorten. – Verlag Eckstein u. Stähle, Stuttgart.
OBERDIECK J.G.D. 1881. Deutschlands beste Obstsorten. – Verlag von Hugo Boigt, Leipzig.
PETZOLD H. 1979. Apfelsorten. – Neumann Verlag, Leipzig-Radebeul.
PETZOLD H. 1982. Birnensorten. – Neumann Verlag, Leipzig-Radebeul.
ROLFF J.-H. 2001. Der Apfel, Sortennamen und Synonyme, Band 1. – Selbstverlag Johann-Heinrich Rolff, Kiefersfelden.
ROLFF J.-H. 2002. Obstarten, Sortennamen und Synonyme, Band 2: Die Birne. – Selbstverlag Johann-Heinrich Rolff, Kiefersfelden.
SILBEREISEN R., GÖTZ G. & HARTMANN W. 1996. Obstsorten Atlas, 2. überarbeitete und erweiterte Auflage. – Eugen Ulmer Verlag, Stuttgart.
SORTENMAPPE 2000. Verfügbare Obstsorten aus Niederösterreich. 6. Lieferung 11/2000. – Niederösterreichische Landesregierung & Arche Noah, Schiltern.

9 – Verwendung

AUER V. WELSBACH H. 1991. Geschichtliche Entwicklung des extensiven und intensiven Obstbaues im Bundesland Kärnten. – Diplomarbeit Universität für Bodenkultur, Wien.
FISCHERAUER A., GARTNER H., GÖSSINGER M. , INNERHOFER G., LUKAS W., QUENDLER S., SÄMANN H., VERTES T., VOGL K., WOGOWITSCH CH. & ZENI U. 2003. Qualitätshandbuch für die bäuerliche Obstverarbeitung. – Österreichischer Agrarverlag, Wien.
GARTNER H. 1982. Mostobstproduktion. – Besseres Obst Nr. 6: 158–159.
GARTNER H. 1998. Die Qualität des Destillates beginnt im Obstgarten, 2. Auflage. – Destillata Handbuch 1: 10–53.
GARTNER H. 1998. Neue Obstprodukte für die Zukunft. – Kärntner Bauer.
INNERHOFER G. 2002. Marmeladen, Konfitüren und Gelees. – Leopold Stocker Verlag, Graz.
JANOVSKY R. & LUKAS W. 1995. Obstmost – Fruchtsäfte – Obstbrände. – Österreichischer Agrarverlag, Klosterneuburg.
KEPPEL H.,PIEBER K., WEISS J. & HIEBLER A. 1991. Obstbau – Anbau und Verarbeitung. – Leopold Stocker Verlag, Graz.
KERN-SCHLATTE A. 1993. Zur Entwicklung der Obstkultur im Lavanttal unter besonderer Berücksichtigung volkskundlicher Aspekte. – Diplomarbeit Karl-Franzens-Universität, Graz.
LUKAS W. 1998. Die gesetzlichen Grundlagen. – Destillata Handbuch 1, 2. Auflage, 204–244.
RUTH P. 1982. Die Obstmostproduktion aus rechtlicher Sicht. – Besseres Obst Nr. 6: 103.
SPENDEL CH. 1995. Die Entwicklung der Landwirtschaft im Lavanttal von 1945 bis heute und ihre Zukunftsaussichten. – Eigenverlag.

WIESER M.G. 1996. Die bäuerliche Apfelsaftproduktion und -verarbeitung im Kärntner Lavanttal. – Eigenverlag.
ZECHNER G. 1988. Die Mostproduktion in Kärnten aus marktanalytischer und betriebswirtschaftlicher Sicht. – Diplomarbeit Universität für Bodenkultur, Wien.

10 – Gesundheit

BUCHTER-WEISBRODT H. & SCHÖBER U. 1998. Der Apfel – ein bewährtes Hausmittel neu entdeckt. – Trias Verlag, Stuttgart.
BUCHTER-WEISBRODT H. 1999. Mit dem Apfel Gesundheit genießen. – Serie „Fit mit Obst", Schweizerische Zeitschrift für Obst- und Weinbau Wädenswil, Nr. 4/99: 109–110.
GERHARD F., NEUMANN D. & VOGL M. 1986. Physiologie der Obstgehölze. 2. Auflage. – Springer Verlag, Berlin, Heidelberg, New York, Tokio.
HERBINGER K. 2004. Qualitative Fruchtparameter alter Apfelsorten im Vergleich mit einer Kultursorte. – Besseres Obst, Ausgabe Juli und August 2004.
HERMANN K. 2001. Inhaltsstoffe von Obst und Gemüse. – Verlag Eugen Ulmer, Stuttgart.
HUDINA M. & ŠTAMPAR F. 2000. Sugars and organic acids contents of European (*Pyrus communis* L.) and Asian (*Pyrus serotina* Rehd.) pear cultivars. – Acta Alimentaria 29 (3): 217–230.
LATTANZIO V. 2003. Bioactive polyphenols: their role in quality and storability of fruit and vegetables. – J. Appl. Bot. 77: 128–146.
LEE K.W., KIM Y.J., KIM D., LEE H.J. & LEE C.Y. 2003. Major phenolics in apple and their contribution to the total antioxidant capacity. – J. Agric. Food Chem. 51: 6516–6520.
LOESCHER W. H. 1987. Physiology and metabolism of sugar alcohols in higher plants. – Physiol. Plantarum 70: 533–557.
MAYER B. 2001. Untersuchung von Oxidationsprozessen mittels Fluoreszenzspektroskopie. Antioxidative Effekte von Bioflavonoiden. – Dissertation am Institut für Biochemie der Technischen Universität Graz.
MAYR U. 2001. Äpfel und Birnen. – Verlag Eugen Ulmer GmbH & Co., Stuttgart.
OLIVEIRA C. M. & PRIESTLEY C. A. 1988. Carbohydrate reserves in deciduous fruit trees. – Hort. Reviews 10: 403–430.
ŠTURM K. & ŠTAMPAR F. 1999. Seasonal variation of sugars and organic acids in apple (*Malus domestica* Borkh.) in different growing systems. – Phyton (Horn, Austria) 39: 91–96.
ŠTURM K., HUDINA M., SOLAR A., VIRŠČEK-MARN M. & ŠTAMPAR F. 2003. Fruit quality of different 'Gala' clones. – Gartenbauwissenschaft 68: 169–175.
TREUTTER D. 2001. Biosynthesis of phenolic compounds and its regulation in apple. – Plant growth regul. 34: 71–89.
USENIK V., MIKULIČ-PETKOVŠEK M., SOLAR A. & ŠTAMPAR F. 2004. Flavonols of leaves in relation to apple scab resistance. – Z. Pflanzenkr. Pflanzenschutz 111: 137–144.
VEBERIČ, R., ŠTAMPAR F. & VODNIK D. 2002. Autumn photosynthesis of 'Golden Delicious' apple trees – the effect of picking and fertilisation treatment. – Gartenbauwissenschaft 67: 92–98.
VEBERIČ, R., ŠTAMPAR F. & VODNIK D. 2003. Carbon partitioning and seasonal dynamics of carbohydrates in the bark, leaves and fruits of apple (*Malus domestica* Borkh.) cv. 'Golden Delicious'. – Eur. J. Hort. Sci. 68 (5): 222–226.
YOSHIOKA H., NAGAI K., AOBA K. & FUKOMOTO M. 1988. Seasonal changes of carbohydrates metabolism in apple trees. – Scientia Horticulturae 36: 219–227.

11 – Schädigungen an Früchten und 12 – Krankheiten

KEPPEL H., PIEBER K., WEISS J. & HIEBLER A. 1998. Obstbau, Anbau und Verarbeitung, 2. völlig neu bearbeitete Auflage. – Leopold Stocker Verlag, Graz.
KOTTE W. 1948. Krankheiten und Schädlinge im Obstbau und ihre Bekämpfung. – Verlag Paul Parey, Berlin.
POLESNY F., HÖBAUS E. & BLÜMEL S. 1992. Schädlinge und Nützlinge. – Leopold Stocker Verlag, Graz.
STEINER H. 1985. Nützlinge im Garten. – Eugen Ulmer Verlag, Stuttgart.
VUKOVITS G. 2000. Die wichtigsten Obstkrankheiten, 2. Auflage. – Leopold Stocker Verlag, Graz.

13 – Holz (siehe auch Kap. 11 und 12)

BÄRNER J. 1942. Die Nutzhölzer der Welt. – Verlag J. Neumann, Neudamm.

GREGUSS P. 1959. Holzanatomie der europäischen Laubhölzer und -sträucher. – Akademiai Kiado, Budapest.

JANSSEN T. & WULF A. 1999. Zur Bedeutung von Misteln im Forstschutz. – Mitteilungen aus der Biologischen Bundesanstalt für Land- und Forstwirtschaft, Heft 369, Berlin-Dahlem.

NULTSCH W. 1999. Allgemeine Botanik, 10. Auflage, 361–362. – Georg Thieme Verlag, Stuttgart.

BILDERNACHWEIS

Institut für Pflanzenwissenschaften (Arbeitsgruppe Kernobst = AG): *4.6, 7.1 – 7.4, 9.4, 11.1 – 11.5, 11.7, 11.10 – 11.14, 11.19 – 11.21, 12.5, 12.6, 12.13, 13.2, 13.3, 13.7, 13.9, 13.10, Farbtafel (S. 127)*. AG + E. STABENTHEINER: *11.6, 13.1*. LVZ Haidegg (H. KEPPEL): *Farbtafel (S. 13), 3.1, 4.1 – 4.5, 4.7 – 4.12, 11.8, 11.15, 11.17, 11.18, 11.22, 12.1, 12.3, 12.17, 12.18, 12.23, 12.24, 13.4, 13.5, 13.6, 13.8, 13.12 – 13.15*. Amt der Steiermärkischen Landesregierung: Alpe Adria: *0.1*. GIS – Steiermark + AG: *4.13, 4.15 – 4.18*. GIS – Steiermark: *4.14*. Fachabt. 10C: *12.7*. Landeskammer für Land- und Forstwirtschaft: *11.16, 12.2, 12.4, 12.8 – 12.11, 12.14, 12.16, 12.20 – 12.22*. H. GARTNER: *3.4 – 3.6, 9.1 – 9.3*. L. HEHENBERGER: *5.1, 5.2 – 5.4*. Leopold Stocker Verlag: *12.12, 12.15, 12.19, 13.11*. Stmk. Naturschutzbund (R. SCHLACHER): *6.3, 6.4*. P. ZADRAVEC: *3.2, 3.3*. A. WIEDNER: *6.1, 6.2*. S. BERNKOPF: *1.1 – 1.3, 2.1 – 2.15*. R. VEBERIC: *10.1, 10.2*. B. TRIERWEILER:*.6.5, 11.9*.

STICHWORTVERZEICHNIS

F

G

H

I

J

K

Q

R

S

T

U

V

W

Z

Aus unserem Programm